新型职业农民培训 系列教材

家禽养殖与防疫实用技术

● 何凤琴　主编

中国农业科学技术出版社

图书在版编目（CIP）数据

家禽养殖与防疫实用技术／何凤琴主编.—北京：
中国农业科学技术出版社，2014.6
（新型职业农民培训系列教材）
ISBN 978 – 7 – 5116 – 1682 – 1

Ⅰ.①家… Ⅱ.①何… Ⅲ.①家禽–饲养管理
②禽病–防疫 Ⅳ.①S83②S858.3

中国版本图书馆 CIP 数据核字（2014）第 113668 号

责任编辑	徐 毅 张国锋	
责任校对	贾晓红	
出 版 者	中国农业科学技术出版社	
	北京市中关村南大街 12 号 邮编：100081	
电 话	(010)82106631(编辑室) (010)82109702(发行部)	
	(010)82109709(读者服务部)	
传 真	(010)82106631	
网 址	http://www.castp.cn	
经 销 者	各地新华书店	
印 刷 者	北京建宏印刷有限公司	
开 本	850mm ×1 168mm 1/32	
印 张	7.625	
字 数	200 千字	
版 次	2014 年 6 月第 1 版 2019 年 7 月第 4 次印刷	
定 价	22.00 元	

新型职业农民培训系列教材

《家禽养殖与防疫实用技术》

编 委 会

主 任　闫树军

副主任　张长江　卢文生　石高升

主 编　何凤琴

副主编　魏 尊　潘 青

编 者　赵冬凤　刘 丽　韦丽莉

序

　　我国正处在传统农业向现代农业转化的关键时期，大量先进的农业科学技术、农业设施装备、现代化经营理念越来越多地被引入到农业生产的各个领域，迫切需要高素质的职业农民。为了提高农民的科学文化素质，培养一批"懂技术、会种地、能经营"的真正的新型职业农民，为农业发展提供技术支撑，我们组织专家编写了这套《新型职业农民培训系列教材》丛书。

　　本套丛书的作者均是活跃在农业生产一线的专家和技术骨干，围绕大力培育新型职业农民，把多年的实践经验总结提炼出来，以满足农民朋友生产中的需求。图书重点介绍了各个产业的成熟技术、有推广前景的新技术及新型职业农民必备的基础知识。书中语言通俗易懂，技术深入浅出，实用性强，适合广大农民朋友、基层农技人员学习参考。

　　《新型职业农民培训系列教材》的出版发行，为农业图书家族增添了新成员，为农民朋友带来了丰富的精神食粮，我们也期待这套丛书中的先进实用技术得到最大范围的推广和应用，为新型职业农民的素质提升起到积极的促进作用。

2014 年 5 月

前　　言

　　《家禽养殖与防疫实用技术》旨在培养农民蛋鸡与肉鸡饲养管理、疫病防治的实用技术，在内容编写上以"实用、浅显、精炼"为原则，关注家禽行业发展现状，用通俗易懂的语言介绍家禽生产中的养殖与疫病防治技术。

　　本书内容分为七章，分别为家禽产业发展概况、鸡舍建设与环境控制、蛋鸡的饲养管理、肉鸡的饲养管理、饲料配合、常见疫病防制及市场营销。通过培训，使学习者能够初步具有建场、选种的能力，掌握蛋鸡、肉鸡饲养管理中的实际技术，能够调配饲料，同时具有常见疫病的防治技术。本书适合各类农业、农村社会化服务组织和专业合作组织中家禽养殖的从业人员及适度规模生产经营的农民所使用，亦可作为畜牧兽医行业技术人员及学生参考用书。

　　由于编者水平有限，编审时间仓促，教材中难免有遗漏和错误，敬请同仁和广大读者提出宝贵意见，以便在今后做进一步修改和补充。

编　者

2014 年 5 月

目　　录

第一章　家禽产业发展概况 ……………………………………（1）

　第一节　蛋鸡产业发展概况 ………………………………（1）

　　一、我国蛋鸡产业发展现状 ……………………………（1）

　　二、现代养禽业的特点 …………………………………（3）

　　三、蛋鸡产业发展趋势 …………………………………（4）

　　四、蛋鸡配套系 …………………………………………（5）

　第二节　肉鸡产业发展概况 ………………………………（9）

　　一、我国肉鸡产业发展现状 ……………………………（9）

　　二、肉鸡产业发展趋势 …………………………………（11）

　　三、肉鸡配套系 …………………………………………（12）

第二章　鸡舍建设与环境控制 ……………………………（16）

　第一节　蛋鸡场的规划与设计 ……………………………（16）

　　一、场址选择 ……………………………………………（16）

　　二、蛋鸡场的规划和布局 ………………………………（17）

　　三、鸡舍的建筑形式 ……………………………………（18）

　　四、蛋鸡舍的设计 ………………………………………（21）

　第二节　肉鸡场的规划与设计 ……………………………（23）

　　一、场址的选择 …………………………………………（23）

　　二、规划与布局 …………………………………………（24）

　　三、肉鸡舍的修建 ………………………………………（26）

　第三节　鸡场常用设备与环境控制 ………………………（28）

一、蛋鸡场的养殖设备 ……………………………… (28)

二、肉鸡场的养殖设备 ……………………………… (35)

三、环境控制 ………………………………………… (36)

第三章　蛋鸡的饲养管理 ………………………… (38)

第一节　幼雏鸡的饲养管理 ………………………… (38)

一、雏鸡养育阶段的划分 …………………………… (38)

二、幼雏鸡的生理特点 ……………………………… (38)

三、育雏方式与加温设施的选择 …………………… (40)

四、育雏的准备工作 ………………………………… (43)

五、雏鸡的选择和运输 ……………………………… (46)

六、雏鸡的饲养 ……………………………………… (47)

七、幼雏鸡的管理技术 ……………………………… (49)

八、幼雏鸡的培育目标及衡量标准 ………………… (56)

第二节　育成鸡的饲养管理 ………………………… (57)

一、育成鸡的生理特点 ……………………………… (57)

二、育成鸡的培育目标 ……………………………… (58)

三、育成鸡的饲养技术 ……………………………… (59)

四、育成鸡的管理技术 ……………………………… (61)

第三节　产蛋鸡的饲养管理 ………………………… (66)

一、产蛋鸡的生理变化与特点 ……………………… (66)

二、产蛋规律与生产性能计算 ……………………… (67)

三、产蛋前的准备 …………………………………… (69)

四、产蛋鸡的饲养与管理 …………………………… (70)

五、蛋品质调控 ……………………………………… (77)

第四节　蛋种鸡的饲养管理 ………………………… (80)

一、后备种鸡的饲养管理 …………………………… (80)

二、产蛋期种鸡的饲养管理 ………………………… (85)

三、提高种蛋合格率的措施 ………………………… (89)

第四章　肉鸡的饲养管理 ······························（92）

　　第一节　快大型肉仔鸡生产 ·······················（92）

　　　　一、快大型肉仔鸡的饲养方式 ···················（92）

　　　　二、肉仔鸡的饲养管理 ·························（93）

　　第二节　优质肉鸡生产 ···························（98）

　　　　一、黄麻羽肉鸡的生长发育特点 ·················（98）

　　　　二、黄麻羽肉鸡的饲养方式 ·····················（99）

　　　　三、黄麻羽肉鸡的育雏 ·························（99）

　　　　四、黄麻羽肉鸡的育肥 ························（102）

　　第三节　肉种鸡生产 ···························（105）

　　　　一、肉用种鸡的饲养目标 ······················（105）

　　　　二、肉用种母鸡的限制饲养 ····················（106）

　　　　三、肉用种公鸡的限制饲养 ····················（109）

　　　　四、肉用种鸡的日常管理 ······················（111）

第五章　家禽饲料配合 ······························（113）

　　第一节　饲料原料的概念与分类 ··················（113）

　　　　一、饲料原料的概念 ··························（113）

　　　　二、饲料原料的分类 ··························（113）

　　第二节　家禽常用的饲料原料 ···················（115）

　　　　一、能量饲料 ···························（115）

　　　　二、蛋白质饲料 ····························（122）

　　　　三、矿物质饲料 ····························（126）

　　　　四、饲料添加剂 ····························（128）

　　第三节　家禽饲料配制与加工 ···················（134）

　　　　一、家禽饲料配制 ··························（134）

　　　　二、家禽饲料的加工 ··························（144）

第六章　家禽常见疫病防制 ··························（149）

　　第一节　家禽病毒性疾病 ·······················（149）

一、鸡新城疫 ……………………………………………………（149）

二、鸡传染性法氏囊病 ………………………………………（151）

三、禽流感 …………………………………………………（153）

四、鸡痘 ……………………………………………………（156）

五、传染性支气管炎 …………………………………………（157）

六、传染性喉气管炎 …………………………………………（160）

七、鸡马立克氏病 ……………………………………………（161）

八、产蛋下降综合征 …………………………………………（163）

九、禽脑脊髓炎 ………………………………………………（164）

第二节 家禽细菌性疾病 …………………………………………（165）

一、鸡大肠杆菌病 ……………………………………………（165）

二、鸡白痢 …………………………………………………（167）

三、鸡副伤寒 …………………………………………………（169）

四、传染性鼻炎 ………………………………………………（170）

五、禽霍乱 …………………………………………………（171）

六、葡萄球菌病 ………………………………………………（173）

七、绿脓杆菌病 ………………………………………………（175）

第三节 家禽寄生虫病 ……………………………………………（177）

一、球虫病 …………………………………………………（177）

二、组织滴虫病 ………………………………………………（179）

三、鸡住白细胞原虫病 ………………………………………（180）

四、蛔虫病 …………………………………………………（181）

五、绦虫病 …………………………………………………（182）

六、鸡羽虱病 …………………………………………………（184）

第四节 家禽其他传染性疾病 ……………………………………（185）

第五节 家禽营养代谢病 …………………………………………（187）

一、维生素缺乏及其代谢障碍疾病 …………………………（187）

二、矿物质元素缺乏及代谢障碍疾病 ………………………（192）

　　　三、蛋白质、糖、脂肪代谢障碍疾病 ……………………（194）

　　第六节　家禽中毒性疾病 ………………………………………（199）

　　　一、棉籽饼中毒 …………………………………………………（199）

　　　二、菜籽饼中毒 …………………………………………………（200）

　　　三、霉变饲料原料中毒 …………………………………………（201）

　　　四、食盐中毒 ……………………………………………………（203）

　　　五、一氧化碳中毒 ………………………………………………（204）

　　　六、马杜拉霉素 …………………………………………………（205）

　　第七节　家禽其他疾病 …………………………………………（206）

　　　一、肉鸡腹水综合征 ……………………………………………（206）

　　　二、肉鸡猝死综合征 ……………………………………………（208）

　　　三、异食癖 ………………………………………………………（210）

　　　四、中暑 …………………………………………………………（210）

　　第八节　禽场的综合性卫生防疫 ………………………………（211）

　　　一、隔离 …………………………………………………………（211）

　　　二、消毒 …………………………………………………………（212）

　　　三、免疫接种 ……………………………………………………（215）

　　　四、禽场废弃物的处理 …………………………………………（218）

　　　五、安全用药 ……………………………………………………（218）

第七章　家禽市场营销 ……………………………………………（220）

　　第一节　蛋鸡市场营销 …………………………………………（220）

　　　一、成本核算 ……………………………………………………（220）

　　　二、蛋鸡生产销售方式 …………………………………………（221）

　　第二节　肉鸡市场营销 …………………………………………（223）

　　　一、成本核算 ……………………………………………………（223）

　　　二、生产模式 ……………………………………………………（223）

　　　三、肉鸡生产策略 ………………………………………………（224）

参考文献 ……………………………………………………………（227）

第一章　家禽产业发展概况

第一节　蛋鸡产业发展概况

一、我国蛋鸡产业发展现状

（一）我国禽蛋产量概况

自 1989 年以来，我国蛋鸡存栏数与蛋产量均超过美国，居世界首位。1998 年，我国禽蛋产量首次突破 2 000 万 t，达到了 2 021.3 万 t，占世界禽蛋产量的 39.13%，已是美国禽蛋产量的 4.27 倍。禽蛋产量在近二十年间，呈现逐年递增的趋势，仅在 1997 年和 2006 年略有下降。到 2011 年，我国禽蛋产量已达 2 811 万 t，占世界总产量的 36%。2013 年禽蛋产量 2 876 万 t，比上年增长 0.5%。在禽蛋产品结构中，鸡蛋产量约为 2 361 万 t，占比为 84%。

（二）我国蛋鸡养殖水平

目前，我国蛋鸡生产水平与现代先进水平相比仍有很大差距。蛋鸡行业的主力军仍然是农村养鸡业，虽然经过了 20 多年的发展，为行业积累了一定的技术力量和市场运作能力，但由于大多数养殖业"大群体小规模"的局限性，所以在设备、设施上往往因陋就简，生产工艺上有时也不能严格按照全进全出的原则，以致生产水平较低。目前，我国平均每只入舍蛋鸡 72 周龄产蛋量只有 16~17kg，饲料报酬 1:（2.5~2.7），产蛋鸡存活率 75%~85%，人均饲养量低。与世界先进水平的产蛋量 19~

20kg、饲料报酬 1 : 2.2、产蛋鸡存活率 90% ~92% 相比，差距甚大。

（三）蛋鸡产业分布格局

我国禽蛋生产主要集中在山东、河南、河北、辽宁、江苏、四川、湖北、安徽、黑龙江、吉林等 10 个省。10 个省禽蛋产量之和占全国禽蛋总量的比重逐年增大，2012 年，十个省区禽蛋产量之和为 2 242.67 万 t，比重为 78.38%。

表 1 - 1　2011 年、2012 年主产省禽蛋产量　（单位：万 t）

省份	2011 年产量	2012 年产量
河南	391	404.17
山东	401	401.99
河北	340	342.56
辽宁	277	279.90
江苏	195	197.20
四川	145	146.44
湖北	137	139.36
安徽	120	122.65
黑龙江	105	108.15
吉林	95	100.25

（数据来源：国家统计局）

（四）我国鸡蛋贸易概况

我国鸡蛋物流流向较为明晰，可以简单概括为从产量较大的华北、东北等地区流向东南、华南地区以及北京、天津、上海等大城市。根据国家统计局数据测算，鸡蛋流出量较大的省份包括河北（约 159 万 t）、河南（约 157 万 t）、辽宁（约 132 万 t）、山东（约 82 万 t）等省。供需缺口最大的是广东省，每年流入量约为 160 万 t，其次为上海（约 74 万 t）、浙江（约 60 万 t）、北京（约 55 万 t）等地，其他绝大部分省份总体上处于供求平衡状态。

从国际贸易来看，除种蛋外，中国禽蛋贸易处于净出口状态，进口数量极少，2011 年仅从美国进口约 8t 鲜鸡蛋。2011 年中国出口鲜鸡蛋 7.80 万 t，同比下降 0.57%。从 2000 年到 2011 年中国鸡蛋出口量变化情况来看，均没有突破 10 万 t（数据来源：海关总署）。

二、现代养禽业的特点

（一）生产工厂化、集约化

全世界养禽业迅猛发展的一个重要原因就是工厂化、集约化生产。所谓工厂化、集约化养禽生产，就是大规模、高密度的舍内饲养，将禽舍当作加工厂，配备机械化自动化设施，通过"禽体"这种特殊的机器，用最少的饲料消耗，生产出最多的优质禽产品的过程。

由于各国养禽资源条件和市场需求能力的差异，其饲养量也各有区别。我国大型机械化蛋鸡场规模为 10 万 ~20 万只，中型机械化蛋鸡场 1 万 ~10 万只，小型的蛋鸡场在 1 万只以下。我国肉用仔鸡场一般为 20 万 ~100 万只，但饲养几千只及上万只的专业户也数以万计。美国近 40% 的商品蛋鸡由规模大于 100 万只鸡的养殖公司控制，俄罗斯蛋鸡场的规模为 100 万只，日本蛋鸡场规模为 1 万 ~5 万只。

（二）经营专门化、社会化

国内外养禽业的迅速发展，使内部的分工明确而科学，已发展为生产经营专门化的社会化体系。

育种公司设有原种禽场、祖代种禽场、父母代种禽场，形成一个完整的良种繁育体系，可提供纯系及各世代种禽或二系、三系、四系配套杂交的商品禽。这种专门化的杂交配套良种繁育体系使现代家禽具有优异的生产性能。育种公司给孵化厂提供种蛋，孵化厂为饲养场提供雏禽，商品场生产出的禽蛋、禽肉供给市场。

饲料加工厂生产适合各种家禽及不同养育阶段所需要的全价配合饲料，也根据小型饲料厂和养禽场的饲料需求情况，生产一定比例的精料、预混料和非营养性添加剂。

社会生产中，有专门的养禽设备、孵化设备、禽产品屠宰加工设备厂，生产各种现代养禽生产所需的各种机械化和自动化设备；有专门的生物制品生产厂，生产、冷藏、储运生物制品；也有兽药生产厂及监察部门；还有区域性的禽病疫情预报站，及时准确地预测各地疫情发展动态。

（三）管理机械化、自动化

在现代养禽生产和管理中已经普遍应用电脑系统。如饲料加工应用电脑程序控制系统操作，孵化厂使用电脑集成控制系统，产蛋鸡舍应用电脑进行环境条件监控、机械供料设备运行监控以及鸡群状况、饲喂状态的观察等。

饲养设备、通风设备、卫生防疫设备、饲料加工设备、粪便清除及利用设备、禽病诊断设备、饲料化验设备等均属于机械化、自动化设备。机械化、自动化的生产使养禽业生产水平不断提高，疫情得到有效控制，劳动效率、经济效益大幅增长。

三、蛋鸡产业发展趋势

（一）饲养标准化、规模化

近年来，蛋鸡行业蛋价波动频繁、疾病频发，使得生产规模小、设备老旧、技术落后的蛋鸡养殖企业难以应对市场风险，而技术与设备先进的规模化、标准化蛋鸡生产企业抵御市场风险的能力更强。目前，我国正在推广适度化、集约化、规模化、标准化建场，提倡标准化鸡舍。

（二）鸡蛋品牌化

我国鸡蛋消费主要是以鲜蛋为主，随着经济发展，消费者要求鸡蛋更新鲜、卫生、无公害，这给品牌蛋带来了很大的发展前景。鸡蛋无公害生产后，经选择、清洗、打码、包装后再进入市场，可提高产品的附加值。但目前品牌鸡蛋销量还远远不足，相关的产品质量安全监控体系还需进一步健全。

（三）生产区域分散化

2005 年以前，我国蛋鸡主产区在河北、山东、河南、四川以及辽宁、江苏等省份。近几年，原主产区的饲养量在下降，而南方省份如安徽、湖北等产量增加迅速，重心正在南移，西部发展也正在加快。

（四）生态养鸡规模化

利用山坡林地放养生态鸡、土种鸡，也将成为蛋鸡生产的发展趋势。

四、蛋鸡配套系

现代商品代鸡是采用杂交繁育体系生产的，即育种场、祖代鸡场通过培育不同的纯系，祖代、父母代鸡场进行杂交制种，来生产两系、三系或四系杂交的商品代蛋鸡或肉鸡。

现代养鸡生产中一般把鸡种分为蛋鸡系和肉鸡系。现代蛋鸡一般分为白壳蛋鸡、褐壳蛋鸡和浅褐壳蛋鸡三种类型。

（一）褐壳蛋鸡

褐壳蛋鸡的特点：体型体重较大，蛋重大；性情温顺，对应激因素的敏感性较低，好管理；耐寒性好，冬季产蛋率较平稳；啄癖少，因而死亡、淘汰率较低；商品代雏鸡可以羽色自别雌雄，商品代金色绒羽为母雏，银色绒羽为公雏。

但褐壳蛋鸡体型大，因而饲养密度低；采食量大，有偏肥的倾向，饲养中注意勿过肥，影响产蛋性能；蛋中血斑和肉斑率高，影响蛋品质。

目前，市场上饲养的褐壳蛋鸡主要有罗曼褐壳蛋鸡、迪卡蛋鸡、京红1号、农大褐3号等。

1. 罗曼褐壳蛋鸡

为德国罗曼公司培育的四系配套杂交鸡种。商品代蛋鸡20周龄体重为1.5~1.6kg，开产日龄为152~158天，每只入舍母鸡12个月平均产蛋量为285~295枚，1~20周龄每只母鸡耗料量为7.4~7.8kg，产蛋期每天每只鸡耗料为115~122g，料蛋比为（2.3~2.4）∶1，育雏育成率为97%~98%，产蛋期成活率为94%。

2. 迪卡·沃伦蛋鸡

简称迪卡蛋鸡，由美国迪卡—沃伦公司培育的四系配套褐壳蛋鸡良种。1990年我国由上海大江公司引进生产，上海称为大江蛋鸡。20周龄体重为1.7kg，产蛋率达50%的周龄为22~24周龄，每只入舍母鸡72周龄产蛋量为270枚，料蛋比2.46∶1，产蛋期成活率为92%，1~20周龄每只母鸡共耗料7.7kg，产蛋期每只母鸡每天耗料112~120g。

3. 海兰褐壳蛋鸡

由美国海兰国际公司育成的高产褐壳系品种。其开产日龄为153~155天，每只入舍母鸡72周龄产蛋量为283枚，18周龄体重为1.55kg，1~18周龄耗料量为5.9~6.8kg，产蛋期每只母鸡每日平均耗料115g，料蛋比为（2.3~2.5）∶1，育成率为96%~98%，产蛋期成活率为92~96%。

4. 伊莎褐壳蛋鸡

为法国伊莎公司培育的四系配套中型褐壳蛋鸡。商品蛋鸡18周龄体重为1.5kg，每只入舍母鸡72周龄产蛋量为270~300枚，平均蛋重为60.8g，1~18周龄耗料量总计为6.5kg，19~72周龄每日每只鸡耗料111~119g，料蛋比2.6∶1，产蛋期成活率为 92%~97%。

5. 雅发褐壳蛋鸡

为以色列 PBU 家禽育种公司育成的四系配套褐壳蛋鸡良种。商品蛋鸡 20 周龄体重为 1.47kg，开产日龄为 160~170 天，72 周龄产蛋量为 290~309 枚，平均蛋重 64g，料蛋比为 2.4∶1。

6. 罗斯褐

为英国罗斯公司育成的四系配套杂交鸡。0~18 周龄总耗料 7kg，72 周龄入舍鸡产蛋量 280 个，76 周龄产蛋量 298 个，平均蛋重 61.7g，每千克蛋耗料 2.35kg，产蛋期死亡淘汰率 10.4%。

7. 农大褐 3 号

农大褐 3 号为矮小型蛋鸡，体重较其他褐壳蛋鸡小，由中国农业大学育成。羽速自别雌雄，快羽类型的雏鸡为母鸡，慢羽雏鸡为公鸡。0~20 周龄育成率 96.7%；20 周龄鸡的体重 1.53kg；163 日龄达 50% 产蛋率，72 周龄产蛋量 278.2 个，平均蛋重 62.85g，总蛋重 16.65kg，每千克蛋耗料 2.31kg；产蛋期末体重 2.09kg；产蛋期存活率 91.3%。

8. 京红 1 号

京红 1 号是在我国饲养环境下自主培育出的优良褐壳蛋鸡配套系，具有适应性强、开产早、产蛋量高、耗料低等特点。商品代 72 周龄产蛋总重可达 19.4kg 以上。其推广应用可降低对国外进口鸡种的依赖，完善良种繁育体系。

(二) 白壳蛋鸡

白壳蛋鸡系是蛋鸡的典型代表，其特点为：开产早，产蛋量高；体型小，耗料少，产蛋的饲料报酬高；单位面积的饲养密度高，适应性强，各种气候条件下均可饲养；蛋中血斑和肉斑率很低。它的不足之处是蛋重小，神经质，胆小怕人，抗应激性较差；啄癖多，特别是开产初期啄肛造成的伤亡率较高。白壳蛋鸡的商品代可以根据羽速自别雌雄，初生雏鸡快羽型鸡为母雏，慢

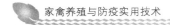

羽型为公雏。

目前，市场上的白壳蛋鸡配套系有北京白、海兰白、罗曼白、滨白、迪卡等。

1. 北京白鸡

由北京市种禽公司会同有关大专院校和科研单位共同培育而成，羽毛白色，目前大面积推广的有 938、904、823 等配套系。

2. 海兰白壳蛋鸡

由美国海兰公司育成，包括海兰 w-36、海兰 w-77。

3. 罗曼白壳蛋鸡

由德国罗曼畜禽育种公司培育而成，产蛋率高，平均蛋重大，62 ~ 63g，性情温顺。

4. 滨白鸡

滨白蛋鸡是东北农业大学育成的配套蛋用鸡。其特点是产蛋多、蛋形大、蛋质好、生命力强，目前有滨白 42、滨白 684、滨白 584。

5. 迪卡 XL 白壳蛋鸡

简称迪卡蛋鸡，为美国家禽研究公司培育而成的白壳蛋鸡良种。

（三）粉壳蛋鸡

粉壳蛋鸡又称浅褐壳蛋鸡，其蛋壳颜色介于褐壳蛋与白壳蛋之间，呈浅褐色，严格地说属于褐壳蛋。其羽色以白色为背景，有黄、黑、灰等杂色羽斑。商品代雏鸡羽速自别雌雄。市场上主要配套系包括京白 939、京粉 1 号、海兰灰、雅康粉等。

1. 京白 939

京白 939 粉壳蛋鸡由北京种禽公司培育而成，具有产蛋多、耗料少、体型小、抗逆性强等特点。主要生产性能指标是：20 周龄体重 1.45 ~ 1.46kg；达 50% 产蛋率平均日龄 155 ~ 160 天；进入产蛋高峰期 24 ~ 25 周龄；72 周龄入舍鸡产蛋数 270 ~ 280

枚，成活率达 93%。

2. 京粉 1 号

京粉 1 号由北京市华都峪口禽业有限责任公司培育而成，已经通过 ISO9001 国际质量管理体系认证和 GAP（良好农业规程）认证。具有适应性强、抗病力强、耐粗饲、产蛋量高、耗料低等特点。72 周龄产蛋总重可达 18.9kg 以上，死淘率在 10% 以内，产蛋高峰稳定，90% 产蛋率可维持 6~10 个月，72 周蛋鸡体重达 1 700~1 800g。

3. 雅康粉壳蛋鸡

为以色列育种公司育成的四系配套粉壳蛋鸡品种，商品蛋鸡 20 周龄体重为 1.5kg，开产日龄为 160~170 天，72 周龄入舍母鸡产蛋量为 262~277 枚，平均蛋重 63g，育成率为 94%~96%。

4. 海兰粉壳鸡

海兰粉壳鸡是美国海兰公司培育出的高产粉壳鸡，其生产性能指标是：0~18 周龄成活率为 98%；达 50% 产蛋率平均日龄 155 天；高峰期产蛋率 94%；20~74 周龄饲养日产蛋数 290 枚，成活率达 93%；72 周龄产蛋量 18.4kg，料蛋比 2.3:1。

5. 星杂 444

是加拿大雪佛公司育成的三系配套杂交鸡。据雪佛公司的资料，其 72 周龄产蛋量 265~280 个，平均蛋重 61~63g。

第二节　肉鸡产业发展概况

一、我国肉鸡产业发展现状

（一）我国禽肉生产概况

我国肉仔鸡的生产起步较晚，但发展迅速。从 1984—1993 年，产肉量年均递增 11%，进入 20 世纪 90 年代后，增产速度更快，1991 年、1992 年、1993 年增长速度分别为 22.2%、15%、26.7%。到 1998 年我国禽肉产量达 1 310 万 t，首次超过美国的 1 272 万 t。国家统计局发布的国民经济和社会发展统计公报显示，2012 年禽肉产量 1 823 万 t，同比增长 6.7%；受 H7N9 影响，2013 年禽肉产量 1 798 万 t，同比下降 1.3%，是 2003 年以来的首次下降，但据业内人士测算，2013 年白羽肉鸡产量较 2012 年微弱上涨，同比增长 1.8%。

我国目前已成为仅次于美国的世界第二大肉鸡生产国，但肉鸡产品出口在国际市场中所占的份额很低。在禽肉总产量中，肉仔鸡提供的肉量约占 70%，其余为淘汰蛋鸡、水特禽等。

目前，肉鸡产业的生产模式主要有"公司（协会）＋农户"模式、"公司＋基地＋农户"模式和公司模式，占市场份额最大的是"公司（协会）＋农户"模式，因为这种模式以较少的投资成本吸纳极大的农村劳动力与资金，更符合当下中国国情。

（二）我国肉鸡养殖水平

1. 肉鸡产业发展

与国外相比，我国肉鸡生产起步较晚，但发展迅速。白羽肉鸡生产加工产业从其起步和发展模式来看，在很大程度上是国外产业化模式的移植，业内很多企业都是合资企业，由于行业在发展过程中以产品出口作为企业盈利的重要渠道，行业与国际相应产业交融程度大，生产力水平更接近国际水平。

2. 肉鸡产业优势

近 30 年来，肉仔鸡的生产水平获得了惊人的增长，肉仔鸡的上市日龄缩短到了 49 日龄。目前，我国肉仔鸡的平均生产水平为 7 周龄体重 2.0kg，肉料比为 1∶1.8。

我国优质鸡生产和育种发展迅速，1980 年出栏 2.4 亿只，2001 年出栏 15 亿只，70% 左右为黄鸡。优质鸡可分为三种类型，快长型、仿优型、特优型，其上市日龄和体重分别是 49 日龄

1.3～1.5kg、80～100 日龄 1.5～2.0kg、90～120 日龄 1.1～1.5kg。优质肉鸡质量高，风味独特，在市场上占有优势，竞争力强，深受消费者喜爱。发展优质鸡生产在当前具有较好的市场前景，以优质鸡产品的研究开发为代表的产业化结构调整受到了行业的高度重视。

3. 肉鸡产业分布格局

2010 年全国肉类总产量为 7 925.89 万 t，其中禽肉产量为 1 656.1 万 t，占肉类总量的 20.9%。禽肉产量中，山东、广东、江苏、广西壮族自治区（简称广西）、辽宁、河南、安徽、四川、河北、吉林 10 个省（区）产量合计 1 201.6 万 t，占全国禽肉总产量 72.6%。

4. 我国肉鸡贸易概况

我国肉鸡肉主要出口到日本、中国香港、东南亚、中东和欧盟等国家（或地区）。从我国肉鸡肉供应分省情况来看，目前我国活肉鸡主要供应省为广东、广西和海南，三省区占全国活禽出口总数的 99.8%，禽肉、鸡杂碎主要供应省为广东、山东、辽宁、河南、吉林 5 省，占禽肉及杂碎出口总量的 96.9%。

二、肉鸡产业发展趋势

（一）肉鸡生产总量持续增长

随着社会的发展，人们的饮食需求与消费习惯正在发生改变，2008 年人均鸡肉消费量为 9kg，2010 年国内人均鸡肉消费量为 9.3kg，而对肉鸡产品的消费需求会继续快速增加，这必将带动肉鸡产业快速发展，肉鸡产量稳步提高。

（二）肉鸡规模化饲养水平不断提高

根据近十年的数字统计分析，散养户的数量逐渐减少，如 2008 年，出栏 1 万～5 万只的中规模肉鸡场占 26.8%，5 万只以上的大规模鸡场比例上升至 3%，与此同时，其出栏肉鸡量占出

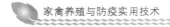

栏总数的比例分别为41.2%和31.5%。

（三）实行标准化养殖模式

标准化养殖模式符合绿色可持续发展理念，既可提高生产者养殖成功的比例，又可保证肉鸡产品质量安全，也符合疫病防控与环境保护的要求。

三、肉鸡配套系

肉鸡一般分为快大型肉鸡系（包括白羽和有色羽）和优质肉鸡系，其中白羽快大型肉鸡是目前世界上肉鸡生产的主要类型。

（一）白羽快大型肉鸡

1. 爱拔益加肉鸡

简称AA肉鸡，为美国爱拔益加公司培育而成的四系配套白羽肉用鸡品种，是世界上著名的肉仔鸡配套杂交种之一。AA肉鸡分布全球，占世界肉鸡的35%~40%，在许多国家中AA肉鸡是主要的肉鸡品种，占50%以上的市场，在我国约占42%的市场，遍布我国各地。商品代肉鸡羽速自别雌雄，7周龄公母混养平均体重为3.0kg，料肉比为1.8∶1，平均成活率98%以上。

2. 艾维茵肉鸡

为美国艾维茵国际禽场有限公司育成的配套系白羽肉鸡品种，约占我国肉鸡饲养覆盖面的40%以上，生产性能与AA鸡相似。

3. 罗曼肉鸡

罗曼肉鸡为德国罗曼育种公司培育的四系配套白羽肉鸡，适应性强，体型大，生长快，饲料报酬高。

4. 科宝500

科宝500原产于美国，是美国泰臣食品国际家禽分割公司培育的白羽肉鸡品种，在欧洲、中东及远东的一些地区均有饲养，

我国广东省饲养较多。

5. 明星肉鸡

明星肉鸡由法国伊沙公司培育的四系配套白羽杂交鸡，属快大型肉鸡，但在选育过程中导入了矮小型基因。与其他品种肉鸡相比，具有体型小、饲料消耗低、饲养密度大、出栏率高等特点。

6. 宝星肉鸡

宝星肉鸡是加拿大雪佛公司育成的四系配套肉鸡。8 周龄平均体重 2.17kg，平均料肉比 2.04∶1。宝星肉鸡在我国适应性较强，在低营养水平及一般条件下饲养，生产性能亦较好。

7. 星布罗

原产于加拿大，是加拿大雪佛公司培育的四系配套杂交鸡，早期生长发育速度快，饲料转化率高，屠体品质好。

8. 海波罗肉鸡

由荷兰尤利布德公司培育的四系配套杂交鸡。该鸡商品代羽毛为白色，黄喙、黄腿、黄皮肤，以生产性能高、死亡率低而著名。

（二）有色羽肉鸡

1. 红波罗肉鸡

又叫红宝肉鸡，为加拿大谢佛种禽公司培育的红羽肉鸡良种。肉仔鸡全身红羽、黄喙、黄胫、黄皮肤，胸部肌肉发达，屠体美观，味道鲜美。公母混合饲养 60 日龄平均体重为 2.2kg，料肉比为 2.2∶1。

2. 狄高肉鸡

为澳大利亚狄高有限公司育成的黄麻羽色配套系肉鸡良种，商品代雏鸡可由羽色鉴别公母，适应性强、易饲养，其羽色深受消费者欢迎。肉仔鸡 7 周龄体重可达 2.75kg，料肉比为 2.13∶1，成活率为 97.3%。

（三）黄羽优质肉鸡

黄羽优质肉鸡主要集中在我国南方。目前我国的优质鸡可分为：特优质型、高档优质型和优质普通型，这三种类型优质鸡的配套组合所采用的种质资源均有所不同。

生产特优质型所用的种质资源主要是各地历史上形成的优良地方品种，这方面较为成功的例子包括广东的清远麻鸡和江西的崇仁麻鸡、白耳鸡等。这一类型的配套组合目前尚未建成，而常常以经选育纯化的一单一品系（群）不经配套组合直接用于商品肉鸡生产。

高档优质型以中小型的石歧杂鸡选育而成的纯系（如粤黄102系、矮脚黄系等）为配套组合的母系，以经选育提纯系为父系进行配套。

优质普通型最为普及，以中型石歧杂鸡为素材培育而成的纯系为父本，以引进的快大型肉鸡（隐性白羽）为母本，三系杂交配套而成。其商品代一般含有75%的地方品种血统和25%的快大型肉鸡血统，生长速度快，同时也保留了地方品种的主要外貌特征。

1. 石岐杂鸡雌雄自别高产系

由广东省家禽研究所育成，商品鸡14周龄体重公鸡为1.59kg、母鸡为1.35kg，料肉比为（2.6～3.2）：1，成活率为98%。

2. 882优质黄羽肉鸡

由广州市国营白云家禽发展公司育成，该鸡以毛黄、脚黄、皮黄、肉嫩鲜滑、味美、生长速度快为主要特征，现已推广至15个省市。商品代肉仔鸡90日龄体重可达1.85kg，料肉比为2.87:1。

3. 北京石岐杂鸡

由中国农业科学院畜牧研究所选育而成，为我国优质黄羽肉鸡的又一高产配套系。商品鸡 10 周龄体重公鸡为 1.5～1.75kg，母鸡为 1.3～1.4kg，料肉比为（2.8～3）：1。

4. 新兴黄鸡

由广东新兴温氏家禽育种有限公司培育而成，具有抗逆性强、耐粗放的特点。肉仔鸡 10 周龄平均体重为 1.55kg，料肉比为 2.69：1，成活率为 97%。

5. 海新肉鸡

由上海农科院畜牧所培育而成的三系配套的快速型和优质型黄羽肉鸡。商品代鸡饲养 90 天平均体重为 1.5kg，料肉比为 3.3：1。

6. 肉杂鸡

肉杂鸡是自 20 世纪 90 年代初，在山东、安徽、湖北、江苏、河南等地悄然出现的，在养鸡业中是新兴起的一个肉鸡类型。它是以快大型白羽父母代肉种鸡做父系，商品代蛋鸡做母系杂交而成的商品代。羽毛白色，个别鸡会有少量有色羽毛。

这种鸡在生产时，可充分利用商品代蛋鸡的产蛋性能，并减少兴建种鸡场的投资，使鸡苗生产成本降低。肉杂鸡既具有肉鸡生长快、饲料报酬高的优点，又具有蛋鸡抗病力强、肉质好的优点，同时由于出栏体重小，因此很受目前市场的欢迎。而且转型灵活，因为肉杂鸡以商品蛋鸡做母本，在鸡苗销售不畅或价格低迷的时候，可以及时停止生产而销售鸡蛋，因此抗风险能力远远优于父母代肉种鸡。目前肉杂鸡苗没有形成统一的繁育体系，因此也很少见到专门的肉杂品种。

肉杂鸡饲养技术与普通肉鸡差别不大，而由于具有杂交优势，还克服了快大型肉鸡由于生长速度快而易于引发的腹水症、胸骨囊肿、腿病等疾病，还可加大饲养密度以提高设备利用率。目前在山东、河北、安徽等地已形成很大市场。

第二章　鸡舍建设与环境控制

第一节　蛋鸡场的规划与设计

一、场址选择

蛋鸡场的选址十分重要，既要遵循生产、生活的和谐，又要在此基础上考虑地势、地形、土质、水源以及居民点的位置、交通、电力、物质供应和气候条件等因素进行科学规划、合理设计。

（一）地势

理想的蛋鸡场应选择在地势平坦、开阔、有足够的面积，不要过于狭长、边角过多并远离洪涝威胁地段和环境污染区，以南向或东南向为宜。这种场地阳光充足，地势高燥，排水良好，有利于禽的卫生。在山区地方建场，不宜建在昼夜温差太大的山顶，也不宜建在通风不良和潮湿的山谷深洼地，应选择坡度不大的半山腰处建场。地势的高低直接关系到光照、通风和排水。

（二）土壤

养禽场的土壤以沙壤土或壤土为宜。这样的土壤排水良好，导热性较小，微生物较不易繁殖，合乎卫生要求。同时土壤还有一定的肥沃性，以便种植树木，可以在夏天为禽舍遮阳。

（三）水源和水质

水源应当充足，水质良好。要求水中不含有病菌和毒物，无异臭或异味，水质澄清。

（四）交通和位置

交通方便，选择在接近公路，靠近消费地和饲料来源地。同时电源充足、稳定，在不充足地区需自备发电设备。此外，应考虑卫生防疫条件，要利于防疫，远离居民区、远离其他鸡场、屠宰场、兽医站等。

二、蛋鸡场的规划和布局

（一）蛋鸡场的规划

1. 规划的原则

考虑满足生产任务的前提下，尽量做到节约用地，同时合理利用地形地势，减少投资，降低成本，整个厂区要统筹规划，统一布局。

2. 分区规划

蛋鸡场通常分为生产区、生活办公区、污粪处理区等。区域之间相对独立，特别是生产区应保持独立封闭，且四周有防疫围墙或防疫沟作为隔离带，大门出入口应设置值班室、更衣消毒室和车辆消毒通道，鸡舍最好坐北朝南，栋与栋之间应保持足够的距离。

按主导风向、地势高低及水流方向依次为生活区、办公区、生产区和粪污处理区（图2-1）。生活区位于上风向，靠近主干道，如地势与风向不一致时，则以主导风向为主。

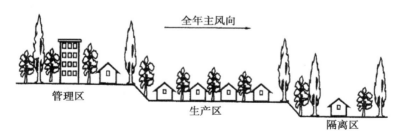

图2-1 场区规划

（1）生活办公区建设　生活办公区建设应根据实际需求合理设置。生活办公区应包括接待室、办公室、车库、职工宿舍等。

（2）生产区建设　生产区是蛋鸡的核心区，建设要求和建设标准应具有前瞻性，符合现代畜牧业的发展方向。应按照规模大小、饲养批次分为数个饲养小区、区与区之间应有一定的距离。鸡场内道路布局应分为净道和污道，净道和污道不能相互交叉，以免污染。其走向为育雏舍、育成舍、产蛋鸡舍，各舍入口有连接的净道，净道主要用于运送饲料、鸡蛋等；各舍出口有连接的污道，污道主要用于运输鸡粪、死鸡及鸡舍内需要外出清洗的脏污设备。

（3）粪污处理区建设　粪污处理区是商品蛋鸡粪污处理的集中区域，是防止病原扩散、传播的关键环节。粪污处理区应以相对封闭、整洁为基本原则。应做到粪便不露天堆放，粪污不外溢。有条件的可设置大、中型沼气设施、设备，确保粪污集中处理，对环境不造成影响。

（二）场地布局

1. 总体的平面布局（图2-2）

2. 建筑物的排列（图2-3）

鸡舍一般建成坐北朝南，东西方向排列成排，南北方向排列成列。

三、鸡舍的建筑形式

鸡舍有多种分类方法，按鸡舍的建筑形式，可分为密闭式鸡舍（无窗鸡舍），开放式鸡舍（有窗鸡舍）和卷帘式鸡舍（兼用型鸡舍）三种。

（一）密闭式鸡舍

此种鸡舍的屋顶及墙壁都采用隔热材料封闭起来，有进气孔

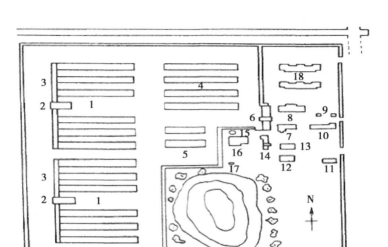

图 2－2　某鸡场平面布局

1—蛋鸡舍；2—集蛋间；3—集蛋走廊；4—育成鸡舍；5—育雏舍；
6—消毒间；7—食堂；8—办公室；9—传达室；10—车库；11—配电间；
12—病禽急宰间；13—机修间；14—鸡笼消毒间；15—水塔；16—锅炉房；
17—电井；18—职工宿舍

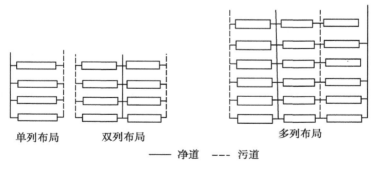

单列布局　　双列布局　　　　　多列布局

——— 净道　--- 污道

图 2－3　鸡舍排列布置

和排风机；舍内采光常年靠人工光照制度，安装有轴流风机，机械负压通风。舍内的温、湿度通过变换通风量大小和气流速度的快慢来调控。降温采用加强通风换气量，在鸡舍的进风端设置水帘等。

优点：减弱或消除不利自然因素对鸡群的影响，使鸡群能在较为稳定的适宜的环境下充分发挥品种潜能，稳定高产。可以有效地控制和掌握育成鸡的性成熟，较为准确地监控营养和耗料情况，提高饲料的转化率。因几乎处于密闭的状态下，可以防止野禽与昆虫的侵袭，大大减少了污染的机会，从而减少了经自然媒介传播的疾病，有利于卫生防疫管理。此种鸡舍的机械化程度高，饲养密度大，降低了劳动强度，同时由于采用了机械通风，鸡舍之间的间隔可以减小，节约了生产区的建筑面积。

缺点：造价高，建筑工艺复杂，使用时消耗能源多，对水、电设备依赖性强。

（二）开放式鸡舍

此类鸡舍可分为开放式和半开放式两种。开放式鸡舍依赖自然空气流动达到舍内通风换气，完全自然采光；半开放式鸡舍为自然通风辅以机械通风，自然采光和人工光照相结合，在需要时利用人工光照加以补充。

优点：建造工艺简单，造价低，可减少开支，因为是开放式，可以利用自然光照，节约能源，适合于不发达地区及小规模和个体养殖。

缺点：受自然条件的影响大，生产性能不稳定，同时不利于防疫及安全均衡生产。

（三）卷帘式鸡舍

此类鸡舍兼有密闭式和开放式鸡舍的优点，在我国的南北方无论是高热地区还是寒冷地区都可以采用。鸡舍的屋顶材料采用石棉瓦、铝合金瓦、普通瓦片、玻璃钢瓦，并且采用防漏隔热层处理。此种鸡舍除了在离地 15cm 以上建有 50cm 高的薄墙外，其余全部敞开，在侧墙壁的内层和外层安装隔热卷帘，由机械传动，内层卷帘和外层卷帘可以分别向上和向下卷起或闭合，能在不同的高度开放，可以达到各种通风要求。夏季炎热可以全部敞开，冬季寒冷可以全部闭合。

四、蛋鸡舍的设计

（一）确定各类鸡舍的总饲养面积

根据鸡场的饲养规模、饲养方式和饲养密度先确定产蛋舍饲养面积，再根据各养育阶段的成活率推算育成舍和育雏舍的饲养面积。

（二）设计鸡舍的跨度和长度

要先确定笼具在舍内的排列方式和操作通道的宽度和走向，才能确定鸡舍的跨度和长度。下面以蛋鸡舍为例加以介绍。

鸡舍净跨度（m）＝鸡笼宽度×鸡笼列数＋通道宽度×通道数

平养鸡舍的长度（m）＝鸡舍的总面积÷鸡舍的净跨度

笼养鸡舍的长度（m）＝每组笼长×每列笼组数＋喂料机头尾长度＋操作通道所需长度

例：设计一个笼养 15 000 只蛋鸡的标准化鸡舍（四列三层五过道）

（1）鸡舍跨度　设 4 个粪沟，每个粪沟宽 1.8m，中间三个过道宽 1.2m，两侧过道宽 0.95m，两侧墙体宽 0.37m。

鸡舍跨度 = 1.8 × 4 + 1.2 × 3 + 0.95 × 2 + 0.37 × 2 = 13.44（m）

（2）鸡舍长度　每个鸡笼长 1.95m，四孔，每孔盛放 3 只褐壳蛋鸡，共 12 只鸡。6 个鸡笼按阶梯式排列成一列，盛放 72 只鸡。按四列设计，则 15 000 只鸡需要 212 组鸡笼（15 000 ÷ 72 ÷ 4）。每列 53 组，可饲养蛋鸡 3 816 只（53 × 72），整栋鸡舍可饲养 15 264 只 （3 816 × 4）。

前过道（包括机头）3.5m，后过道（包括机尾）2.5m，鸡舍屋檐高2.6m，屋脊高1m，两山墙墙体宽0.37m。

鸡舍长度 = 53 × 1.95 + 3.5 + 2.5 + 0.37 × 2 = 110.09（m）

（3）鸡舍建筑 见图2-4至图2-6。

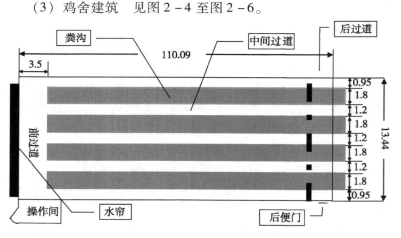

图 2-4 鸡舍平面（单位：m）

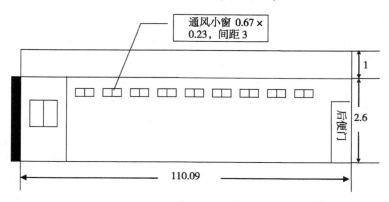

图 2-5 鸡舍侧面（单位：m）

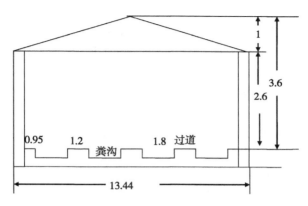

图 2-6　鸡舍剖面（单位：m）

第二节　肉鸡场的规划与设计

肉鸡场选址、建舍的目的就是为了给鸡群创造一个舒适的环境，便于生产、便于管理，所以肉鸡场场址选择的是否合适直接关系到肉鸡场的防疫状况和经济效益。

一、场址的选择

（一）交通便利

肉鸡场场址应选择在比较安静、避开交通要道、附近人员往来不能过分频繁，但又要交通便捷的地方（至少有一条小公路与外界相通）。这样既便于防疫，又便于解决运输等问题。

（二）水源充足

饲养 1 万只肉鸡的鸡场，鸡只每天的饮水量为 3～4t，再加上冲洗鸡舍，洗刷食槽、料槽、降温、生活用水等也不少于10t。因此，鸡场水源一定要充足，同时水质一定要符合饮用水的标准，否则鸡群容易生病。

（三）防疫隔离良好

鸡场的选择最好是不曾养过任何牲畜和家禽的地方，与公路、农贸市场、屠宰加工厂、肉食品加工厂、皮毛加工厂、居民点等易于传播疾病的地方尽可能远些。场址应选在地势较高、通风良好和易于排水的地方。

（四）保障供电

鸡场内照明、供水、通风换气等都需要用电，因此鸡场要求电源充足，对于供电不稳定的地区，最好准备发电机组。

（五）环境条件良好

鸡舍应建在地下水位低，地面干燥、易于排水的地方，选择场地时以平整或稍有坡度的地形为好，土质以沙质土壤较为合适。

（六）考虑鸡舍结构的可变性

修建的规模应该根据资金的多少来确定，同时还要考虑建筑结构的可变性。随着饲养管理技术的进步，劳动生产效率的提高，鸡舍的设备也会发生变化，因此在修建鸡舍时要考虑可变性大的构造。

（七）有发展空间

场地要合理规划，要有利于农、林、牧、副、渔综合利用，也要考虑鸡场将来发展扩张的可能性。1万只肉鸡鸡舍标准化规格（长×宽）75m×12m。

二、规划与布局

一个合理的鸡舍布局结构，可以为鸡提供一个良好的生存环境，使其充分发挥生产潜力，所以必须合理地规划和建造鸡舍。场区规划原则是建筑紧凑、实用、美观，在节约土地及满足当前安全生产需要的同时，综合考虑将来扩建和改造的可能性。

（一）肉鸡场分区

建筑设施按生活管理区、生产管理区布置。生活管理区包括人员生活区和办公区，生产管理区包括管理小区、生产区和隔离区。管理小区包括兽医室、饲料仓库及生产物质存放处；生产区包括育雏区、中鸡区、大鸡区；隔离区包括鸡群销售处，残次鸡存放处及鸡粪处理处。各区应有明确的隔离设施。

（二）道路

与外界有专用通道相连通。场内道路分净道与污道，两者不得交叉、混用。资金条件允许的情况下，养殖场内的净道和污道水泥硬化是必要的，便于操作和能够彻底消毒。

（三）鸡舍建筑的总体要求

鸡舍的建筑一定要满足肉鸡饲养的需要。房舍结构的设计主要涉及鸡舍的通风换气、保暖、降温、给排水、采光等因素，同时要留有技术改造的余地，便于扩大再生产。

1. 适当的高度和宽度

目前建造的专用肉鸡舍，多以采用自然通风的开放式鸡舍为主，其宽度宜为 9.8~12.2m。这样可以减少每只鸡占有的暴露总面积，从而减少在寒冷冬季的散热面，超过这个宽度，在炎热的夏季通风不够。

鸡舍的高度一般檐高为 2.4m 左右，三角屋顶，利于排水。同时应有良好的屋檐，防止鸡舍内部遭受雨淋，同时还可为鸡舍提供遮光阴凉的环境。屋顶可以按隔热设施，既有利于冬季减少散热，也可减少夏天吸收太阳热。

2. 合理确定鸡舍的建筑面积

建筑面积的大小取决于饲养的数量。而饲养数量除了资金的多少外，还应考虑劳动力的生产效率。例如，1 个劳动力的饲养量假如是 3 000 只，若所建造鸡舍的饲养量是 5 000 只，花一个劳动力不够，两个则会造成浪费。

3. 满足通风换气和调节温度的要求

（1）窗户　窗户要有高差，让主导风向对着位置较低的窗户，为了调节通风量可以把窗户做成上下两排。根据通风的要求关开部分窗户，这样既利用了自然风，又利用了温差。为了使鸡舍通风均匀，窗户应对称且均匀分布。冬季注意不要让风直接吹到鸡身上，可安装挡风板。

（2）通风筒　一般要求高出屋顶60cm以上，通风筒主要起通风换气的作用。

4. 适宜的墙壁厚度和地面结构

墙壁有砖砌、土坯墙和保温墙等。在北方，冬季多刮西北风，理论上西、北墙要比东、南墙稍厚一些。为了使鸡舍内冲洗排水方便，地面应有一定的坡度，并有排水沟，为了方便清粪和防止鼠害，地面和距离地面0.2m范围内最好用水泥浆抹面。

（四）场区绿化

绿化是衡量环境质量的一项重要指标，有利于调节场区小气候，兼有美化、净化和改善环境的功能。绿化植物能够阻挡、过滤和吸附鸡舍内排出的粉尘，减少空气中的细菌含量。因此在鸡舍周围、道路两侧、鸡舍之间种植树木、绿化十分必要。

三、肉鸡舍的修建

（一）简易肉鸡舍

肉鸡舍在外形上相似于蔬菜大棚，鸡舍一般坐北向南，跨度一般为8～10m，东、北、西三面有高约1.5m的砖墙围护，墙壁较厚，墙上安装较多的窗户。鸡舍南壁开放，由间距相等的大木窗和壁垛连成，木窗上覆有半透明的塑料膜，既可保温又可通风。鸡舍的顶部多为单坡式的，用较长的竹竿和粗铁丝构成一个平面支架，再在支架上笼罩一层或两层塑料膜，上盖草苫或夹入麦秸作为隔热层。鸡舍内有数量不等的壁垛支持全体鸡舍的顶部。这种棚舍造价较低，能够利用天然光照和天然通风。缺点是保温隔热的性能较差，在留意维持舍温相对稳固的同时，要留意通风，避免潮湿和有害气体浓度过高。

示例：饲养5 000只肉鸡简易棚舍设计。

鸡舍跨度8～10m，长度为68～72m，中间过道宽1.2m，网高0.9m。每4～5m设通风口一个，鸡棚最高点距离地面3m（图2-7、图2-8）。

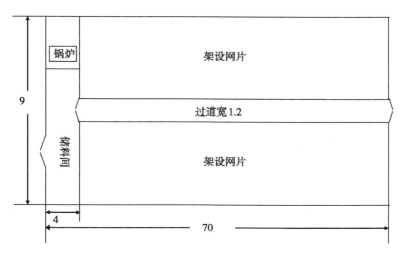

图2-7　肉鸡舍平面（单位：m）

（二）标准化肉鸡舍（密闭式网上平养）

标准化肉鸡舍一般采用现代化建筑形式，在管理上实行自动化控制，实行电视监控，用温度、湿度感应探头监控温湿度，自动控制通风量。负压式通风可有效防止有害病原体进入鸡舍，自动喷雾装置既可进行喷雾免疫，又可适时调整鸡舍湿度，高温季节还可以喷雾降温。链条式料线均匀提供饲料，自动供水，网上养殖可降低球虫病的发病率。但是标准化肉鸡舍一次性投入偏

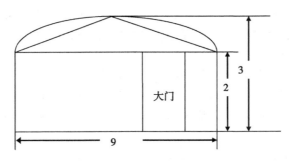

图 2 - 8　肉鸡舍剖面（单位：m）

高，对设备设施要求较高，对饲养人员和技术人员要求也高。

第三节　鸡场常用设备与环境控制

一、蛋鸡场的养殖设备

（一）饲养设备

1. 鸡笼

鸡笼是养鸡最基本的用具，不同发育阶段的鸡所用的鸡笼是不一样的，一般分为育雏笼、育成笼、蛋鸡笼。根据放置位置的不同可分为层叠式鸡笼和阶梯式鸡笼（图 2 - 9）。

（1）叠层式　指上下几层笼全部重叠，笼架垂直于地面，一般为 3～5 层，多的可达 8 层。上下层笼之间留有较大间隙，内装承粪板，以利清粪机作业。

（2）全阶梯式　有 2 层、3 层、4 层之分，其特点是相邻两层鸡笼错开，无重叠或有小于 50mm 少量重叠，各层的鸡粪可直接落入粪沟。该种鸡笼不足之处是饲养密度偏低，笼饲密度一般为 22～24 只/m²。按目前市场上的蛋鸡笼规格，每小笼可养中等体型褐壳蛋鸡 3 只，白壳蛋鸡 4 只。

（3）半阶梯式 一般为 3 ~ 4 层，相邻两层笼有部分重叠，重叠部分占笼深度的 1/3 ~ 1/2。为防止上层鸡粪落到下层鸡身上，下层鸡笼后上角做成斜坡形，可以挂自流式承粪板。半阶梯式蛋鸡笼与全阶梯式相比，饲养密度提高 1/4 ~ 1/3，因此对通风、消毒、降温等环境控制设备的要求较高。半阶梯式蛋鸡笼饲养密度一般为 27 ~ 32 只/m²。

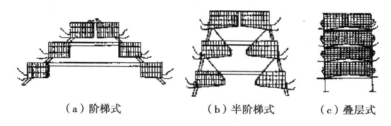

（a）阶梯式　　（b）半阶梯式　　（c）叠层式

图 2-9　笼养的类型

2. 给料设备

（1）饲料槽 对饲料槽的基本要求是采食方便，不易被粪便污染，坚固耐用。选用料槽的规格和结构要根据鸡龄、饲养方式、给料方式等决定。为了防止鸡用喙将饲料钩出槽外，往往在槽两边安一牙条。

（2）饲料桶 可以是由塑料或金属做成，圆桶内可以盛放较多饲料。饲料通过圆桶下缘与圆锥体之间的缝隙自动流进浅盘供鸡采食。此种料桶适用于垫料平养和网上平养，都用于雏鸡或育成鸡，用来盛放颗粒料或粉料。

（3）自动食槽 自动喂料器包括一个供鸡食用的盘式食槽以及中央加料斗向盘或食槽加料的机械装置，目前有链板式喂料机和螺旋式给料器。通过导管输送将饲料送入饲喂盘中供鸡采食。

（4）自动喂料机 蛋鸡全自动喂料机是由附属提升设施将

已加工混合均匀的饲料提升、平送、分配至顶部的料仓里。通过电器控制，定时自动开始喂料，喂料的过程中再次自动搅拌，每层、每段、分料定量可调，饲料结构均匀。一栋鸡舍1万只鸡饲喂一个往复仅需十来分钟，大大节省了劳动力，节约了劳动时间。目前应用的自动喂料机有播种式喂料机、行车式喂料机等。

3. 饮水设备

（1）自制饮水器　适用于家庭少量养殖，可应用玻璃罐头瓶和一个深盘子自制。将罐头瓶口用钳子夹掉一个1cm的缺口，灌满水，倒扣在一个深约3cm的盘子里。

（2）槽式饮水器　水槽一般安装于禽笼食槽上方，有"U"形或"V"形，常用的是由塑料制成。由水槽，封口、中间接头等组成，可以人工供水，也可以和水管相连。使用这种饮水器，水易受灰尘、羽毛、饲料等污染，需经常擦拭，工作量大，而且水易浸入饲料，造成饲料变质。

（3）真空饮水器　利用水压密封真空的原理，使饮水盘中保持一定的水位。大部分水贮存在饮水器的空腔中。鸡饮水后水位降低，饮水器内的清水就能自动补偿，可以保证饮水的干净、清洁。常见的有手提式真空饮水器、钟形饮水器等。

（4）乳头式饮水器　使用十分广泛，其特点是适应鸡仰头饮水的习惯，此种饮水器实用、节约水，避免环境污染和疾病互相感染。乳头式饮水器有锥面、平面、球面密封型三大类。该设备用毛细管原理，使阀杆底部经常保持挂有一滴水，当鸡啄水滴时便触动阀杆顶开阀门，水便自动流出供其饮用。平时则靠供水系统对阀体顶部的压力，使阀体紧压在阀座上防止漏水。

乳头式饮水设备适用于笼养和平养禽舍，给成禽或两周龄以上雏禽供水，要求配有适当的水压和纯净的水源，使饮水器能正常供水。

（5）吊塔式饮水器　又称普拉松饮水器，其结构包括阀体、饮水盘、防晃装置，其中阀体是饮水器的主要部件，由阀座管、阀杆、弹簧Ⅰ、弹簧Ⅱ、吊体盖螺母、过滤器及吊体管组成。利用弹簧的调节作用和饮水器自身重量变化，来启闭阀门控制饮水盘中的水量。当盘中的水量不足时，在弹簧Ⅱ的作用下将饮水盘提起，饮水盘上的凸起将阀杆顶开，进水管内的水就顺着通路流入饮水盘中。当进水达到一定量后，水盘上的凸起与阀杆分开，阀杆在弹簧工的作用下克服水的压力，将阀门关闭，水便停止流入。

饮水器通过绳索吊在天花板上，顶端进水孔用软管和主水管相连。使用吊塔式饮水器不仅节约了饲料，而且有利于改善养鸡场的环境。

4. 集蛋设备

集蛋设备是利用机械将鸡蛋收集起来。它是目前国内外进行规模化、集约化、自动化蛋鸡养殖的首选设备，大大减少了操作人员，降低了劳动强度，提高了生产效率。

（二）环境控制设备

1. 供暖设备

可以用电热、水暖、气暖、煤炉甚至火炕加热都能达到供热的目的。电暖、水暖、气暖比较干净卫生，煤炉加热比较脏，容易发生煤气中毒。火炕比较费燃料，但比较平稳。只要能保证达到所需的温度，采取哪一种供暖设备都是可行的。常见的集中供暖设备有以下几种。

（1）保温伞 又称保姆伞，上部小，直径为 8~30cm；下部大，直径为 100~120cm；高 67~70cm。外壳用铁皮、铝合金或木板（纤维板）制成双层，夹层中填充玻璃纤维（岩棉）等保温材料，外壳也可用布料制成，内侧涂一层保温材料，制成可折叠的伞状。保温伞内用电热管加热，伞顶或伞下装有控温装置，在伞下还应装有照明灯及辐射板，在伞的下缘留有 10~15cm 间隙，让雏鸡自由出入。这种保温伞每台可养初生雏鸡 200～300 只。冬季气温较低时，使用保温伞的同时应注意提高室温。

（2）红外线灯　在室内直接使用红外线灯泡加热。常用的红外线灯泡为 250W，使用时可等距离排列，也可 3～4 个红外线灯泡组成一组。第一周龄，灯泡离地面 35～45cm，随雏龄增大，逐渐提高灯泡高度。用红外线灯泡加温，温度稳定，室内垫料干燥，管理方便，节省人力。但红外线灯耗电量大，灯泡易损坏，成本较高，供电不正常的地方不宜使用。

（3）热风炉　有卧式和立式两种，是供暖系统中的主要设备。它以空气为介质，采用燃煤板式换热装置，送风升温快，热风出口温度为 80～120℃，热效率达 70% 以上，比锅炉供热成本降低 50% 左右，使用方便、安全，是目前推广使用的一种采暖设备。

2．通风降温设备

常见的有风机、电风扇、湿帘-风机降温系统等。

（1）风机　指禽舍用来换气的通风机。禽舍一般用节能、大直径、低转速的轴流风机，这类风机分为电机直联式和皮带传动式两种，选用风机类型取决于禽舍的通风方式。

密闭式鸡舍必须采用机械通风。机械通风有送气式和排气式两种。用通风机向鸡舍内强行送新鲜空气，使舍内形成正压，把污浊空气排走，这就是送气式通风，也叫正压通风。用风机把鸡舍内的污浊空气强行抽出，新鲜空气由进气孔充入鸡舍，这种换气方式叫排气式通风，也叫负压通风。风机的种类和型号很多，可根据实际情况选用。

（2）电风扇　是一种利用电动机驱动扇叶旋转，达到使空气加速流通的目的，主要用于加快鸡舍内空气流通速度，使鸡感到清凉。

（3）湿帘-风机　是现代化密闭式鸡舍常采用的降温系统，

利用水帘墙降温系统，水蒸发吸热、负压通风原理，排出鸡舍内的废气、污气及解除高温闷热。它可以充分发挥夏季的饲养优势，降低或消除鸡的热应激。

（三）光照设备

1. 鸡舍光照设备的选择和安装

目前，我国农村最常见的人工光照设备是白炽灯、节能灯及其控制装置。白炽灯首次投资较少，但发光效率很低。节能灯一次性投资较大，但考虑对鸡性成熟的影响，以选择暖光节能灯较好。

2. 鸡舍光照设备的使用

开放式、半开放式鸡舍，当白天的自然光照时间充足时，无需人工光照。当白天的自然光照时间不足时，夜晚用人工光照补充。可采用天黑后补充、天亮前补充、天黑后天亮前两次补充这3种方式，其中后1种效果优于前2种。

现在许多鸡场安装定时器自动控制灯的开关，从而取代人工开关，保证光照时间的准确可靠。

（四）清粪设备

1. 输送带式清粪器

输送带式清粪机主要由电机减速装置，链传动，主、被动辊，承粪带等组成，适用于叠层式笼养鸡舍。承粪带安装在每层鸡笼下面，启动时由电机、减速器通过链条带动各层的主动辊运转，将鸡粪输送到一端，被端部设置的刮粪板刮落，从而完成清粪作业。

2. 刮板清粪器

刮板清粪机主要由主机座、转角轮、牵引绳、刮粪板等组成，通过链轮转动牵引刮粪板运行完成清粪工作。安装刮板清粪机的禽舍，要根据禽笼下粪沟宽度选择刮粪板宽度。为保证刮粪机正常运行，要求粪沟平直，沟底表面越平滑越好，适用于笼养或平养禽舍的纵向清粪。

（五）其他辅助设备

1. 卫生消毒设施设备

（1）更衣室和消毒池　消毒更衣室应建在生产区大门旁，以供生产人员进场消毒更衣，室内应有更衣柜、消毒洗手池，安装数只紫外线灯管，有条件的可设立沐浴更衣室。在生产区大门入口处应设立大型消毒池，以供车辆进出生产区时消毒用。车辆消毒池场区出入口处设置与大门同宽、长4m、深0.3m以上的消毒池；各栋鸡舍入口应建小型消毒池或设置消毒毯，以备出入人员消毒使用。

（2）多功能清洗机　具有冲洗和喷雾消毒两种用途，使用220V电源作动力，适用于禽舍、孵化室地面冲洗和设备洗涤消毒。该产品进水管可接到水龙头上，水流量大压力高，配上高压喷枪，比常规手工冲洗快而洁净，还具有体积小、耐腐蚀、使用方便等优点。

2. 鸡粪处理设备

鸡场根据需要选择不同的处理设备，包括发酵、快速干燥、太阳能温室发酵干燥、热喷膨化和微波处理等，加工成鸡粪饲料或高效有机肥。

3. 人工智能设备

（1）计算机　计算机具有存贮信息量大、运算快速准确、信息传递方便等特点，将生产中各种数据及时输入计算机内，经处理后可以迅速地作出各类生产报表，并结合相关技术和经济参数制定出生产计划或财务计划，及时地为各类管理人员提供丰富而准确的生产信息，作为辅助管理和决策的智能工具。

（2）环境的自动化控制设备　根据禽舍理想环境条件的要求，限定舍温、空气有害成分、通风量的控制范围和控制程序，通过不同的传感器和处理系统，使其利用通风装置启闭进行调节。

（3）监控系统 鸡舍内安装录像监视系统，管理人员在办公室直接观看鸡舍现场和鸡群动态，减少技术管理人员直接接触鸡群带来的惊扰和疫病传播的弊端，及时发现饲养管理中存在的问题，快速进行处理，并提高工作效率。

4. 断喙器

断喙器是用来给小鸡断喙（切嘴）的工具。断喙可从根本上来防止啄癖的发生；减少因鸡扒饲料而造成的浪费，使鸡群休息安静，减少能量消耗、提高了饲料报酬，也改善了鸡的饲养环境。鸡群经过断喙处理后，饲料消耗量比未经断喙的鸡群低3%；产蛋期可以减少食蛋癖的损失。

除上述之外，还常用一些小型设备，如秤、产蛋箱和搬运设备等。

二、肉鸡场的养殖设备

肉鸡场的养殖设备和蛋鸡场大同小异，现将不同点总结如下。

（一）垫料

垫料是地面平养所必需的，常见的作为垫料的物质有稻壳、刨花、锯末、甘蔗渣等。不论选择何种垫料，必须具有新鲜、干燥、无灰尘、无霉菌、吸水力强的特点。

（二）垫网

垫网是网上平养所用。所谓网上平养是指在离地面60～80cm高处搭设网架（可用金属、竹木等材料搭架），架上再铺设金属、塑料或竹木制成的网、栅片。鸡群在网上或栅片上生活，鸡粪通过网眼或栅条间隙落到地面。网眼的大小或栅缝以鸡爪不能进入而鸡粪能落下为宜。网眼形状有圆形、三角形、六角形、菱形等。

三、环境控制

温度、湿度和空气质量是环境中对鸡影响最大的三大要素。

（一）温度

温度对鸡至关重要，温度的高低直接影响鸡的成活率和生产性能。

雏鸡的体温调节能力较差，对周围环境温度适应范围较小，因此，7日龄以内的雏鸡温度要求控制在32～35℃，以后温度逐渐降低。温度过高或过低均会影响雏鸡的饮食、活动和休息，造成雏鸡卵黄吸收不良，抗病力下降，生长发育迟缓，甚至死亡。

产蛋鸡的适宜生产温度为13～23℃，温度超过30℃，产蛋率明显下降；超过35℃，则会引起部分鸡只中暑死亡。同时，高温引起蛋的品质降低，软壳蛋和破壳蛋率上升。高温对肉鸡的生长也不利，使肉鸡采食量减少、增重减慢、肉质降低。而低温则会使维持需要量增多，采食量增加，料蛋比和料肉比增高。

由于成年鸡缺乏汗腺，对高温的耐受能力较差。当环境温度在42～45℃时，成年鸡表现为张口呼吸、呼吸频率加快、食欲废绝、饮水过多、拉稀粪、双翅外展、躁动不安。若超过45℃，则会出现呼吸衰竭，甚至死亡。

（二）湿度

湿度的高低对鸡也有很大的影响，当湿度低于要求的20%～25%，饲料的转化率大幅度下降，每天的料肉比增加10%；当湿度高于要求的18%～20%时，直接引起球虫病和各种疾病及微生物病菌的滋生。

（三）空气质量

空气质量的好坏尤为重要。舍内主要有害气体有氨气、二氧化碳和灰尘等。氨气过大，会引起呼吸困难，眼角膜发炎，呼吸系统病情加重；二氧化碳过大，会造成鸡的软腿、腹水等疾病。

　　如果鸡舍中的"温度"和"湿度"这两个参数控制好后，鸡舍中的有害气体"氨气"、"二氧化碳"、"灰尘"的浓度也就自然降低了，所以温度、湿度的好坏对鸡至关重要。良好的环境中，不但可以提高鸡的免疫力，防止疾病的发生，而且节省了劳动力，减少了医药的费用，降低了料肉（蛋）比，增加了经济效益。

第三章　蛋鸡的饲养管理

第一节　幼雏鸡的饲养管理

一、雏鸡养育阶段的划分

一般把出壳后到开产前处于生长发育阶段的鸡都称为雏鸡。生产中根据雏鸡的生理特点、生长发育阶段所需环境条件和营养需要的不同，将商品蛋用雏鸡大致划分为两个或三个阶段。

（一）两阶段划分法

0～6 周龄称幼雏鸡；7～20 周龄称育成鸡，又称青年鸡或后备鸡。

（二）三阶段划分法

0～6 周龄称幼雏鸡；7～14 周龄称中雏；15～20 周龄称大雏。

二、幼雏鸡的生理特点

（一）体温调节机能差，既怕冷又怕热

刚出壳的幼雏鸡体小，体温自我调节和保持能力差。幼雏鸡的体温在 10 日龄前比成年鸡正常体温（41～41.5℃）低 1～3℃，且很不稳定。随日龄增长，体温的调节机能逐渐增强，在 10 日龄后至 3 周龄时逐渐恒定到正常体温。

环境温度低时，幼雏鸡体热散发加快，致使体温下降和生理机能障碍，甚至出现高死亡率；反之，若环境温度过高，也会出

现生理机能障碍甚至死亡。

（二）生长发育迅速，短期增重极为明显

在鸡的一生中，以幼雏鸡培育阶段的生长速度最快。蛋用型幼雏鸡的初生重为 40～45g，养到 2 周龄时体重可增加 2 倍，在 6 周龄时体重可增加 10 倍。

（三）胃肠容积小，消化能力弱

幼雏鸡的消化机能尚不健全，消化功能差。加之嗉囊和胃肠道容积小，因此培育幼雏鸡应使用营养丰富、粗纤维含量低、适口性好、易于消化吸收的饲料，并做到少喂勤添，不间断地供给饮水，以满足幼雏鸡的生理需要。

（四）胆小，群居性强

幼雏鸡胆小易惊，对环境变化十分敏感，外界环境稍有变化就会产生应激，如各种惊扰、噪声、老鼠窜入、陌生人进入等，都会引起鸡群的骚动不安，影响幼雏鸡生长，甚至造成鸡只相互挤压致死、致伤、致弱。

（五）抗病能力差

幼雏鸡娇嫩，体质较弱，免疫机能尚未健全，抗病能力差，易感染疾病，如鸡白痢、球虫病等。因此，在育雏期间应采取切实有效措施，搞好防病保健工作。

（六）开食较迟

幼雏鸡在出壳前，卵黄囊吸入腹腔，其内约有 9g 蛋黄以供给雏鸡早期营养。因此，幼雏鸡在出壳 24～48 小时才会开始吃食，过早开食不利于卵黄吸收。

（七）羽毛生长更新速度快

幼雏鸡在出壳后全身绒羽很快开始更换，直到 6 周龄左右绒羽更换完全。羽毛更换有助于幼雏鸡适应外界环境，调节恒定体温。鸡的羽毛中蛋白质含量为 80%～82%，是肌肉蛋白质含量的 4 倍左右。因此，幼雏鸡对饲粮的蛋白质水平要求高，尤其是

要有足量的含硫氨基酸，以满足幼雏鸡正常生长和换羽的营养需要。

三、育雏方式与加温设施的选择

（一）育雏方式的选择

蛋雏鸡的育雏方式主要有平面育雏和立体育雏，其中平面育雏又包括地面平养和网上平养。

1. 地面育雏

根据房舍条件不同，可以用水泥地面、砖地面、土地面或炕面育雏，在这些地面上铺设垫草饲养雏鸡，叫地面育雏。地面育雏的方式主要有以下两种。

（1）更换垫料育雏　采用水泥地面、砖地面、泥土地面或炕面，上面铺垫料，垫料厚 3~5cm 并经常予以更换。育雏室内设有料槽、饮水器及供暖设备。

这种育雏方式的优点是设备简单，投资少。缺点是雏鸡与粪便直接接触，容易感染病原；更换垫料付出劳力较大，且更换垫料时易引起雏鸡呼吸道疾病；占用房舍面积较多。

（2）厚垫料育雏　先将育雏舍打扫干净，再撒一层生石灰（每平方米撒布 1kg 左右），然后铺上 5~6cm 厚的垫料，在育雏两周后，开始增铺新垫料，直到厚度达 15~20cm 为止。在育雏期结束后一次性清除垫料。

这种育雏方式的优点是平时不清理垫料，节省劳力；缺点是易感染疾病，如球虫、呼吸道及肠道疾病。

2. 网上平养

即用网片代替地面。在育雏舍内距地面高 80~100cm，用木料、钢管等支撑形成一个平面，上面用塑料网（专用育雏网）铺平，根据房舍条件可把平面网分隔成多个小区。平面网所用木料、钢管等必须能够承受 100kg 以上重量，以便于饲养人员操作。育雏网的网孔规格为1.25cm×1.25cm。地面可用水泥铺平，便于清理鸡粪。

此种育雏方式的优点是：光照和温度容易控制，且散布均匀，能增加育雏鸡的整齐度；增加了雏鸡的活动空间，便于运动，增强机体体质；由于粪便直接由网孔漏下，幼雏鸡与粪便接触的机会大为减少，因而减少了病原再感染的机会，减少疾病发生；免疫、断喙工作方便准确。缺点：与立体笼养方式相比，饲养密度低，房舍投资较大；网片不易清洗消毒。

3. 立体育雏

又叫立体笼式育雏，是现代工厂化养鸡的主要育雏方式。育雏笼为叠层式，一般有3~5层，每层高度约33cm。在每组笼的笼侧或笼内设料槽和水槽，两层笼间设置接粪板，间隙5~7cm。目前，国内生产的电热育雏笼一般都是四层重叠式的，各层笼的一端都设有育雏自动调温控温器，需控温度可根据幼雏鸡的日龄不同而调节，舍内温度可用煤炉、火墙、暖气或暖风炉等供热。立体笼式育雏因单位面积饲养密度高，操作管理方便，育雏规模大，现已广泛用于大中型养鸡场。此种育雏方式要求鸡舍建筑必须有良好的通风和照明设备，饲粮的营养必须保证全价平衡，料槽、水槽或饮水器应定期刷洗消毒。

立体育雏的优点是：提高单位面积的育雏数和房舍利用率，能充分利用育雏舍的空间；管理方便；提高劳动生产率，适合于大规模育雏；采食均匀，幼雏鸡发育整齐，鸡体不与粪便直接接触，能减少病原感染机会，成活率高；节省燃料，降低饲料和垫料的消耗。缺点是：需投资较多；抓鸡困难。

（二）加温方式的选择

1. 暖风炉加温

这是目前广泛采用的加温方式。暖风炉有燃煤和燃油之分，安装在育雏舍外，通过送风口将热风送到育雏舍内。暖风炉具有控温装置，设定后可自动启动加温、控风等。出风口可开在网下，使雏鸡腹部受热较好。常用于网上育雏和立体育雏。

此加温方式的优点是舍内清洁，温度均匀，缺点是舍内易干燥，需经常加湿。

2. 烟道加温

烟道有地上烟道和地下烟道两种。

地上烟道的具体砌法是：将加温的地炉砌在育雏舍外间，炉子走烟的火口与烟道直接相连。舍内烟道靠近墙壁10cm，距地面高30～40cm，由热源向烟囱方向稍有坡度，使烟道向上倾斜。这种育雏方式设备简单、取材方便，但应防漏烟。

地下烟道一般用砖或土坯砌成，其结构多样，规模大的育雏舍烟道条数相对多些，采用长烟道，小的育雏舍可采用田字形环绕烟道。

这种加温方式适合网上平养，也作为立体笼养的舍内加温方式。

3. 红外线灯加温

即利用红外线散发的热量育雏。红外线灯泡规格有250W、500W等多种，但250W应用较多。在使用250W规格的灯泡时，可将2～6个红外线灯泡连成一组，上设灯罩聚热，悬挂于离地面33～60cm高处。在舍温低时灯泡离地面33～35cm。随幼雏鸡的日龄增长而逐渐降温，并提升灯泡高度，从第二周起每周提高7～8cm，直至离地面60cm高为止。利用红外线灯育雏在舍内应有升温设备，最初几天应将初生雏鸡限制在灯泡下1.2m直径的范围内，以后逐日扩大范围，适合地面及网上平养。

这种加温方式的优点是保温性能稳定，舍内较干净，垫料干燥，育雏率高；缺点是耗电量大，灯泡易损耗，育雏成本较高。

4. 保温伞加温

保温伞是一种外形似伞状的保温设备，由热源和伞体等部件组成。其热源可用电热丝、煤油、液化石油气或煤火炉等。在电热伞内有控温装置，在使用时可按幼雏鸡不同日龄对温度的需要转动调温旋钮，可自动控制或人工调节温度。保温伞容纳幼雏鸡只数主要根据其热源面积的大小而定，一般每个伞可为 150 ~ 1 000 只雏鸡提供热源，适合地面及网上平养。

这种育雏加温法的优点是育雏量大，幼雏鸡可在伞下自由活动选择适温带，换气良好，使用及管理方便，育雏效果好；缺点是育雏费用较高，热量不大，垫料易脏。

电热保温伞育雏最好与烟道、暖气等热源同时并用，以防在停电时温度迅速下降。

除以上四种加温方式外，还有火炕育雏、煤炉育雏、电热板或电热毯育雏、远红外线育雏、热水管育雏、木屑炉加温育雏等方式。

四、育雏的准备工作

（一）拟定育雏计划

包括进幼雏鸡的品种（系）、来源、数量、时间，以及与此相应的所需鸡舍面积、设备、劳力、饲料、垫料和流动资金等，同时制定雏鸡周转计划、防疫计划等。

进雏数主要取决于鸡场当年母鸡的需要量。例如需要 3 000 只母鸡，根据以往经验，育雏率为 98%，育成率为 97%，购入初生雏鸡的雌雄鉴别准确率为 98%，则计划进雏数为：

3 000 ÷ 98% ÷ 97% ÷ 98% = 3 220（只）

（二）安排育雏人员

育雏应有专门人员负责，不能同时饲养其他批次鸡。育雏人员应熟悉和掌握饲养该品种（系）的技术操作规程，了解幼雏鸡的生长发育规律，准备好各类记录表格和有关的学习参考资料。

（三）房舍及设备

育雏舍要有利于防疫，距其他鸡舍100m以上，同时保温性能好，通风换气便利，光亮适度，环境安静。旧舍及设备需提前检修、清扫、消毒等。

育雏舍的面积及育雏网、笼的多少应根据雏鸡的饲养量与饲养密度而定。蛋用幼雏鸡的适宜密度见表3－1。

表3－1　蛋用雏鸡的饲养密度

地面平养		立体笼养		网上平养	
周龄	只/m²	周龄	只/m²	周龄	只/m²
0～6	13～20	0～2	60	0～6	15～24
7～12	10	3～4	40	7～20	8～14
13～20	5～9	5～7	34		
		8～11	24		
		12～20	14		

平面育雏还应确定鸡群的大小。每群鸡的数量不要过大，以小群饲养效果较好。现代集约化养鸡业，商品蛋用幼雏鸡可实行大群饲养，即在育雏舍内不设置隔栏，每群鸡以1 000～2 500只为宜，可达3 000～5 000只。大群饲养应根据鸡体强弱分群饲养管理，以利于幼雏鸡正常生长。

此外应准备足量的喂料器与饮水器（表3－2）。

表3－2　幼雏鸡应占饮水器和饲槽位置（自由采食）

周龄	饮水器（cm/只）	饲槽（cm/只）	料桶（底盘直径30～40cm）	吊桶式食槽（直径30～40cm）
0～6	1.5	2.5	25只/个	
6～12	2.0	5.0	25只/个	25～35只/个
12～20	2.5	7.5	20只/个	

此外，地面育雏时还需准备垫料，可用锯末、稻草和稻谷壳

等，厚 3～10cm。垫料在进雏前需晾晒、消毒。

（四）鸡舍及设备的消毒

上一批雏鸡转出后，应清洗器械，冲洗地面、墙壁、笼网等，用消毒剂对雏鸡舍进行喷雾消毒。在进雏前 1～2 周进行鸡舍与设备消毒，可按清扫、冲洗、干燥、喷雾、熏蒸的程序进行。

1. 清扫

将鸡舍内的鸡粪、羽毛、蛛网等污物彻底清扫干净。

2. 冲洗

用清水将鸡舍地面、墙面、窗户、设备等彻底冲洗干净，能够移动的设备可搬至鸡舍外冲洗、消毒、晾晒。

3. 鸡舍通风、干燥

4. 喷洒消毒液

用 2%～3% 火碱或 10%～20% 的石灰乳泼洒地面及 1m 高的墙体，墙壁、屋顶可用消毒剂喷雾，器械、设备用消毒药清洗或喷雾消毒，直到可滴下水珠为止。自然晾干后可换一种消毒药再次喷洒消毒。

5. 设备复位

将移出并进行消毒的各种设备用具重新移回舍内，正确摆放安装并调试至正常。

6. 熏蒸消毒

（1）甲醛、高锰酸钾熏蒸消毒

① 鸡舍密封，升高温度（30℃ 以上）和湿度（60%～70%）。

② 准备多个瓷质或陶质容器，在鸡舍中均匀分布，将高锰酸钾放入容器后，倒入 2 倍量的福尔马林（因反应迅速，需多人同时操作），人员迅速撤离，并封闭鸡舍大门。消毒用高锰酸钾与福尔马林用量按表 3－3 计算。

③ 鸡舍密闭 24～48 小时，之后打开门窗通风 1 周。

表 3 - 3　福尔马林、高锰酸钾用量

消毒级别	福尔马林（mL）	高锰酸钾（g）
一级	14	7
二级	28	14
三级	42	21

注意：

盛福尔马林的容器只能用瓷质、陶质或陶瓷制品，不能用金属、木质或塑料制品；倒入福尔马林时反应剧烈，容器容积要足够大，并注意身体尽量远离容器，防止液体溅出后伤人。

（2）甲醛熏蒸　直接以甲醛加少量水，在炉火上加热，甲醛挥发出来后即达到消毒效果。甲醛用量见表 3 - 3。

（3）氯制剂熏蒸　目前多使用三氯（或二氯）异氰尿酸钠与助燃剂点燃后熏蒸，操作方法与甲醛、高锰酸钾熏蒸消毒相似。

（五）准备饲料及药品等

在育雏前应准备好幼雏鸡专用配合饲料、葡萄糖、速补、消毒药等，同时准备防治大肠杆菌病、白痢等疾病的开口药物。

（六）育雏舍及育雏器预热调温

在确定进雏日期前 1 ~ 2 天，进行育雏舍及育雏器的预热调温。采用立体式笼育，育雏舍预热升温至 22 ~ 25℃，同时进行育雏器（笼）的试温。在进雏前 1 小时应将伞温或笼温调至34 ~ 35℃。采用平面育雏的，应将温度计挂于离网片或垫料5cm 高处，观测记录舍内昼夜的温度变化，昼夜温度应为 33 ~ 35℃。

五、雏鸡的选择和运输

（一）初生雏的选择

1. 雏鸡的来源选择

选择高产、健康的种鸡群，体重符合本品种（系）的标准，没有慢性呼吸道病、传支、新城疫、马立克、白血病等疾病。疾病污染严重的地区，要求种鸡保持较高的抗体水平。孵化场应该防疫制度严格、出雏率高。

2. 雏鸡的感官选择

即通过"一看、二听、三摸"的方法进行选择。幼雏鸡的绒毛松软、整洁有光泽、长短正常，腹部大小适中，脐部愈合良好、干燥、覆盖有绒毛。表现活泼，两脚结实，反应快，鸣叫响亮，挣扎有力，活力强。

（二）雏鸡的运输

初生雏鸡最好在 24 小时内送到育雏舍，远地运输最多不应超过 48 小时。幼雏鸡的运输应使用专用箱，每个箱的规格长宽高为 120cm×60cm×18cm，四边均有通风孔，每箱分 4 格，每格装 25 只，一箱共装 100 只幼雏鸡。运输雏鸡需使用专用的运输车，早春运雏要注意保温防寒，夏季要防中暑，同时解决好保温和通风的矛盾。

六、雏鸡的饲养

雏鸡接来后，应先将运输箱放在育雏舍内稍事休息，待稳定后再放入育雏器。

（一）饮水

1. 初饮

给 1 日龄幼雏鸡第一次饮水称为初饮，也叫开水。在雏鸡到达前，将开水晾至使水温与舍温接近。待雏鸡入舍安顿好后，水中加入 5% 葡萄糖及适量多维电解质或速补等（为预防鸡白痢、大肠杆菌等疾病发生，可同时加入抗菌药物），装入饮水器内进行初饮。初饮一般应持续 4～6 小时。饮水 1～2 小时后即可开食。饮水器或水槽要尽量靠近光源、保温区。

注意：雏鸡初饮必须坚持人工饮水，且饮水器数量充足，每只幼雏鸡至少有 1.5cm 的饮水位置。

2. 日常饮水

初期需在水中加入预防白痢、大肠杆菌等疾病的药物，如庆大霉素、丁胺卡那、氧氟沙星等，连续 3~5 天。随鸡日龄增长，可将钟形饮水器更换为乳头式饮水器，但不论使用哪种饮水器，雏鸡应为自由饮水，不可断水。且饮水器高度要随鸡只的生长及时调高，要求饮水器的边缘与鸡背高度一致。

（二）饲喂

1. 开食

初生雏鸡第一次喂料称为开食。雏鸡应在出壳后 24~36 小时，初饮后 1~2 小时开食，或在鸡群中有 1/3 的个体出现啄食行为时开食。过早开食会影响卵黄的继续吸收，引发消化不良症，对生长发育不利；过晚开食则会过度消耗幼雏鸡体力，影响以后的生长及成活；未充分饮水就匆匆开食，则会导致幼雏鸡最初几天的饱食程度不一，食欲不振，消化不良，死亡率增高。

供开食的饲料应颗粒较小，易于幼雏鸡啄食。开食可采用浅平料槽或料盘，保证料盘数量，使每只鸡都有吃食的机会。采用较强光照，使幼雏鸡适应采食，但切忌让雏鸡吃得过饱。

2. 日常饲喂

日常饲喂中，需有足够的食槽，1~3 周龄的幼雏鸡每只至少应有 2.5cm 的食槽位置，4~6 周龄为 4~5cm。给幼雏鸡喂料必须做到少喂勤添，0~2 周龄每天喂料 6~8 次，以后随鸡日龄增加而逐渐减少喂料次数，3 周龄后减至每天喂料 4~5 次。每次吃料的时间，在 20 日龄前每次约 15 分钟，20 日龄后 20 分钟左右。每次喂料只要有 90% 的幼雏鸡达到 7~8 成饱即可。不同周龄幼雏鸡的饲料需要量可参见表 3-4。

表3-4 不同周龄幼雏鸡饲料需要量

周龄	每只每天需要量（g/只）	每周需要量（g/只）	累计需要量（kg/只）
1	13	91	0.09
2	16	112	0.20
3	20	140	0.34
4	25	175	0.52
5	30	210	0.73
6	35	245	0.98

七、幼雏鸡的管理技术

（一）培育幼雏鸡所需的环境条件

1. 温度

温度是育雏成败的关键因素。初期死亡率高，很大程度上是温度控制不好。

（1）温度控制　育雏器的温度（或网上温度），在1～2日龄应达到34～35℃，3～7日龄32～34℃，以后随鸡日龄增加而渐减，每周降低2～3℃，直至降到6周龄左右可脱温，但不应低于18℃。

育雏室温度最初一周应保持24℃，以后逐渐降到18～21℃（表3-5）。

表3-5 育雏期合适温度

周龄	育雏器（℃）	育雏室（℃）
0～1	34～32	24
1～2	32～28	21
2～3	28～24	18
3～4	24～21	18
4～6	21～18	18

平面育雏在网面或垫料上方5cm高处测温，育雏笼在加温笼的笼侧测温；育雏室监测温度表应挂在距育雏器、离地面高1m处的读数为准。

生产中，雏鸡的品种、年龄、群体大小、雏鸡体质及气候等均会影响到育雏所需的温度。

（2）看鸡施温　育雏温度合适，幼雏鸡体态健美，活泼好动，精神饱满，叫声轻快正常，食欲旺盛，饮水适度，羽毛光滑整齐，白天勤于觅食，夜间和饱食后休息，均匀分布在育雏器周围或育雏器的底网上，头颈伸直熟睡，鸡舍内极为安静。

育雏温度过低，幼雏鸡密集并接近热源，甚至紧靠热源，拥挤压堆，不时发出尖锐、短促的叫声，食欲减退，消化不良，精神差。幼雏鸡不能安静休息，在严重时引起幼雏鸡感冒，诱发鸡白痢、球虫病等，增高死亡率。

育雏温度过高，幼雏鸡远离热源，精神不振，两翅展开，伸颈张口喘气，饮水量大增，采食量减少，在严重时幼雏鸡表现脱水，甚至窒息死亡。如果长期高温，则幼雏鸡生长缓慢，喙、爪及羽毛干燥，缺乏光泽，容易引发呼吸道疾病和啄癖等。因此，育雏温度过高或过低均对幼雏鸡不利，必须调控适宜。

2. 湿度

湿度也是育雏的重要条件之一，总的原则是前高后低。在10日龄前为60%～70%，以后降至50%～60%，切不可低于40%也不可高出75%。

在高温低湿状态下可在育雏舍内增设水盘，或在地面、墙壁、走廊上喷水以蒸发水汽，提高湿度；低温高湿则应适当升高育雏舍温度或送入干燥热风；高温高湿应加强通风换气，勤换垫料，以保持在育雏舍内干燥清洁，在添加饮水时要防止水溢洒到地面或垫料上，防止疾病的发生。

3. 合理的光照

光照对幼雏鸡的采食、饮水、运动和健康生长都有很重要的作用，与在成年后生产性能也有着密切关系。

（1）育雏期的光照原则

① 初期采用较强光照；② 中后期要采用弱光，避免强光；③ 育雏期内光照时间不能增加；④ 开放舍与半开放舍如需补充光照，其补充光照的时间不可时长时短，以免造成光刺激紊乱。

（2）光照强度（照度）　初期采用较强光照，强度20lx，3天后降为10lx，以后逐渐降为5lx。光照强度可以使用下面的方法估算：即每平方米鸡舍1.6W的白炽灯泡，可在平养鸡舍鸡背处提供10lx的光照强度，但灯泡必须清洁、有灯罩，灯泡高度在2.1～2.4m处，灯泡在鸡舍内应分布均匀，每个灯泡功率以25～40W为宜，不宜大于60W，否则易引起鸡的啄癖。

照度与灯泡瓦数换算公式为：$W = H^2 \times L/0.9$

式中：W 为所用灯泡瓦数（装有反光罩）：H 为灯泡离地面高度；L 为光照强度勒克斯。

（3）光照时间　开放式鸡舍与密闭式鸡舍光照时间控制方法不同。

① 密闭式鸡舍。光照时间见表3－6。

表3－6　密闭式鸡舍光照时间控制

周龄	光照时间（小时）	周龄	光照时间（小时）
1～3日龄	23（或24）	6	11
4～14日龄	减少至15	7	10
3	14	8	9
4	13	9～18	8
5	12		

② 开放式鸡舍。受自然光照影响较大，而自然光照在强度

和时间上随季节变动大，如北半球 6 ~ 7 月日照时间为 14 ~ 15 小时，而 12 月至翌年 1 月约为 9 小时。所以，必须用人工光照对自然光照加以调整和补充，才能适应雏鸡的生长发育。

调整和补充时要根据出雏日期、育成期当地日照时间的变化及最长日照时数来进行。

5 月 4 日至 8 月 25 日出壳鸡光照制度：0 ~ 3 日龄，每日 23 ~ 24 小时，光照强度 20lx；4 日龄 ~ 18 周龄，完全依赖自然光照。

8 月 26 日至翌年 5 月 23 日出壳鸡光照制度如下。

方案一：恒定式光照制度 0 ~ 3 日龄，每日 23 ~ 24 小时，光照强度 20lx；4 日龄至 18 周龄，以该批鸡该期间最长日照时数为光照时间，并恒定不变。自然光照不足时，用人工光照补够。

方案二：渐减渐增制度 0 ~ 3 日龄，每日 23 ~ 24 小时，光照强度 20lx；4 ~ 7 日龄，以出壳至 18 周龄最长日照时数加 5 ~ 7 小时为这段时间的光照时数；2 ~ 18 周龄，每周递减 15 ~ 20 分钟，到 18 周龄时刚好减完所加的 5 ~ 7 小时。

以上开放式鸡舍的光照强度从 4 日龄起最好逐渐降为 5 ~ 10lx。

4．通风换气

舍内空气的新鲜程度，以人进入育雏舍内无闷气感觉和不刺激鼻、眼为宜。此外，应杜绝间隙风入舍，以免影响幼雏鸡的健康及成活率。

5．适宜的密度

一般情况是第一周时 30 只/m²，第二周时 25 只/m²，第三周时 20 只/m²，第四周时 15 只/m²，第五周时 10 只/m² 左右。

蛋鸡（笼养）1 ~ 2 周龄 60 只/m²，3 ~ 4 周龄 40 只/m²，5 ~ 7 周龄 34 只/m²，8 ~ 11 周龄 24 只/m²；12 ~ 20 周龄 14 只/m²。

（二）日常管理

1. 限制活动范围

为方便饲养管理与保温，一般情况下，平养雏鸡初期限制活动范围，立体笼养则将雏鸡养在中上层。

2. 强弱分群

将发育差的或体质较弱的幼雏鸡挑出来，分群加强饲养管理，以使雏鸡发育整齐一致。

3. 勤于观察鸡群的健康状况

如食欲、饮欲、粪便，听呼吸音等。

4. 抽样检测体重

掌握幼雏鸡的生长发育状况。

（三）及时断喙

俗称"断嘴或切嘴"，可减少饲料浪费，防止鸡只啄癖。

1. 时间

一般6～10日龄进行较好，也可在15日龄左右进行，并在9～16周龄时修整。

2. 方法

将断喙器烧热，当断喙器刀片呈深樱桃红色时（600～800℃）可实施断喙。断喙时将上喙切除1/2，下喙切除1/3。边切边烙，以接触3秒钟为宜。

3. 注意事项

① 断喙时将雏鸡上下喙闭合好，用食指轻压雏鸡的舌根部，使舌头缩在口腔内，可防止断掉舌尖。

② 为了减少应激，防止流血，在断喙前后的1～2天内额外添加维生素K_3、复合维生素或维生素C以及抗生素。

③ 在鸡群患病或免疫接种时也要推迟断喙，防止病情加重或引起死亡。

④ 断喙后1周内增加料桶内的饲料厚度。

（四）疾病防治

做好疾病预防工作，对养好幼雏鸡非常重要。

1. 建立健全严格的卫生防疫制度

搞好综合性卫生防疫，是鸡场安全生产的保障。可从以下几点综合考虑：采用"全进全出"的生产制度；防止引种时带入病原；搞好环境卫生；严格消毒；保证饲料和饮水质量；合理处理家禽场的废弃物。

2. 做好免疫接种

（1）制定合理的免疫程序　制定免疫程序时，需综合考虑以下问题：终身病必免，如新城疫、禽流感等；母源抗体高低对首免日龄有影响；其他疫病依当地流行病学特征选做，如传支、传喉等。商品蛋鸡免疫程序示例见表3-7。

表3-7　商品蛋鸡免疫程序示例

日龄	防治的疫病	疫苗种类	免疫方法	说　明
1	马立克	HVT 和 814	肌内注射	孵化场出雏室做
5~7	新城疫、传支 禽流感 H9	小三联（VH + H120 + 28/86） 新流二联油苗 （新城疫 + 禽流感 H9）	点眼滴鼻 皮下注射	全量 0.3~0.4mL
14	法氏囊	中等毒力	饮水	1.5~2 倍
16~18	鸡痘	鸡痘鹌鹑化弱毒疫苗	翼翅下刺种	3~10 月雏鸡做
21	新城疫 禽流感 H5	NDⅣ系或克隆30 禽流感 H5N1（Re-1 + Re-4）	点眼/饮水 皮下注射	全量 0.4mL
25~28	法氏囊	中等毒力	饮水	2 倍量
35	新城疫、传支	Lasota + H52 或 VH + H120 + 28/86 新城疫油苗	点眼 皮下/肌内 注射	全量 0.3~0.4mL
38~42	传喉	传喉弱毒苗	点眼	发病鸡场选作

（续表）

日龄	防治的疫病	疫苗种类	免疫方法	说　明
45 ~ 50	传染性鼻炎	鼻炎油苗	肌内注射	0.5mL
45 ~ 60	禽流感 H9	禽流感 H9 单苗	肌内注射	0.5mL
20 ~ 80	禽流感 H5	禽流感 H5N1（Re-1 + Re-4）	皮下/肌内注射	推荐量的 0.6 ~ 1.2 倍
100	新城疫、传支、减蛋综合征	新支减油苗 Lasota + H52 或 VH + H120 + 28/86	肌内注射 滴鼻点眼	推荐量的 1.2 倍
110	传染性鼻炎	鼻炎油苗	肌内注射	0.5mL
120	禽流感 H5	禽流感 H5N1（Re-1 + Re-4）	肌内注射	2 ~ 3 倍量
100 ~ 130	鸡痘	鸡痘鹌鹑化弱毒疫苗	翼翅下刺种	依季节选作
140	新城疫	新流二联油苗（新城疫 + 禽流感 H9）	肌内注射	0.8mL

（2）注意事项　在进行免疫时需注意以下问题。

① 根据雏鸡日龄、流行病学特征等合理选择疫苗。

② 疫苗必须现用现配。

③ 接受接种的鸡群须是健康鸡群（紧急接种除外）。

④ 活疫苗免疫前后 2 天及当天不要进行消毒，以确保免疫效果。

⑤ 有些药物对活毒疫苗的免疫效果会产生影响，限制使用。

⑥ 滴鼻点眼、注射等最好在晚上或光线稍暗的环境下接种。

⑦ 在进行疫苗饮水免疫时，应控制好停水时间（一般 2 ~ 3 小时）和稀释疫苗的用水量，以保证所有的鸡都饮到足够剂量的疫苗，以在 2 ~ 3 小时内饮完为宜。水太少雏鸡饮入疫苗的量不均匀，将来抗体水平不整齐；水太多，饮水时间过长会有一部分疫苗失活，鸡不能饮到足够剂量的疫苗。

⑧ 可添加疫苗保护剂等。

⑨ 防应激，如添加维生素 C、维生素 E、红霉素、大观

霉素。

3. 药物预防

应激时可使用药物预防疾病，按流行病学特征使用药物（如1～5日龄，预防雏鸡白痢、大肠杆菌病；10～13日龄，预防慢性呼吸道病；15～20日龄，预防球虫病等）。

（五）脱温

即不再人工给温。随雏鸡日龄增长，培育温度逐渐降低，当降到与室外温差不大时，可进行脱温。脱温要逐渐进行，开始可采用晚上给温、白天停温的办法，经6～7天在幼雏鸡已习惯于自然温度时再完全停止人工给温。

八、幼雏鸡的培育目标及衡量标准

（一）培育目标

幼雏鸡培育的主要技术目标是：确保采食量正常，体格健康状况良好，使幼雏鸡能正常生长发育，适时达到体重标准，获得高育雏成活率。

（二）衡量标准

1. 健康

未发生或蔓延传染病，特别是烈性传染病。

2. 成活率高

第1周龄死亡率不超过0.5%，第3周龄死亡率不超过1%。较高的育雏水平是0～6周龄幼雏鸡死亡率不超过2%，即育雏成活率在98%以上。

3. 生长发育正常

鸡群发育整齐一致，平均体重达到标准。

第二节 育成鸡的饲养管理

育成鸡一般是指第 7～20 周龄的鸡, 也称青年鸡、后备鸡。

一、育成鸡的生理特点

（一）育成鸡的体重增长迅速

育成期鸡的骨骼和肌肉生长迅速, 脂肪沉积能力与日俱增, 是体重增长最快的时期, 也是体型的形成时期。在育成后期, 鸡已具备较强的脂肪沉积能力, 如果在开产前后小母鸡的卵巢和输卵管沉积脂肪过多, 会影响母鸡卵子的产生和排出, 从而导致产蛋率降低或停产。因此, 这一阶段既要满足鸡生长发育的需要, 又要防止鸡体过肥。

（二）育成鸡羽毛更换勤

禽类羽毛占活重的 4%～9%, 且羽毛中粗蛋白质含量高达 80%～82%, 为肉、蛋的 4～5 倍。育成鸡的羽毛在 7～8 周龄、12～13 周龄和 18～20 周龄要更换 3 次。频繁的换羽会给禽类造成一种很大的生理消耗, 因此换羽期间应注意营养的供给, 尤其是要保证足够的蛋白质及含硫氨基酸等。

（三）育成中后期生殖系统加速发育

刚出壳的小母鸡卵巢为平滑的小叶状, 重约 0.03g, 性成熟时由于未成熟卵子的迅速生长, 使卵巢呈葡萄状, 上面有许多大小不同的白色和黄色卵泡, 卵巢重 40～60g。输卵管在卵巢未迅速生长前, 仅 8～10cm 长, 当卵泡成熟能分泌雌激素时, 输卵管即开始迅速生长, 并达到 80～90cm, 故育成鸡的腹部容积逐渐增大。

育成鸡大约在 12 周龄后, 性腺发育加快。一般鸡的性成熟要早于体成熟, 而在体成熟前, 鸡的生产性能并不好。因此, 这一阶段既要保证其骨骼和肌肉的充分发育，又要适度限制生殖器官的发育并防止过肥。可通过控制光照和饲料，使性成熟与体成熟趋于一致，提高其生产性能。但在开产前2周左右应供给充足的营养，使母鸡有足够的营养贮备，使卵巢和输卵管的快速增长得以满足。

（四）其他内脏器官、系统等协同发育

育成鸡的消化机能逐渐增强，消化道容积增大，各种消化腺的分泌增加，采食量增大，饲料转化率逐渐提高，为其他内脏器官及骨骼、肌肉的发育奠定了基础。

此外，育成鸡的胸腺和法氏囊从出壳后逐渐增大，接近性成熟时达到最大，使育成鸡的抗病力逐渐增强。

二、育成鸡的培育目标

育成期工作的总目标就是要培育出具备高产能力及能维持长久高产体力的青年母鸡群。

（一）鸡群健康，具有较强的抗病能力

育成期要求未发生或蔓延烈性传染病，精神活泼，体质健壮，产前确实做好各种免疫，保证鸡群能安全渡过产蛋期。

（二）体重增长符合标准，骨骼发育良好，骨骼发育与体重增长相一致

食欲正常，体重和骨骼发育符合品种要求，体型紧凑似"V"字形，胸骨平直而坚实，脂肪沉积少而肌肉发达。骨骼宽大，意味着母鸡中后期产蛋的潜力大。饲养管理不良，易导致鸡的体型发育与骨骼发育失衡。如胫短而体重大，表示鸡过肥，胫长而体重相对小者，表示鸡过瘦，都不适合产蛋需要。

（三）鸡群均匀度（整齐度）高

均匀度是指鸡群发育的整齐程度，包括体重整齐度、跖长整齐度以及性成熟整齐度。整齐度高说明鸡群生长发育一致，鸡群

开产整齐，产蛋高峰高，持续时间长，因此提高育成鸡的整齐度具有重要意义。

良好的鸡群在育成末期均匀度应达到80%以上，同时鸡群的平均体重与标准重的差异不超过5%。

（四）能适时开产

适时达到性成熟，初产蛋重较大，能迅速达到产蛋高峰且高峰期维持时间久。20周龄时，高产鸡群的育成率应能达到96%，即健康无病、体重体型达标、均匀度高、适时开产。

三、育成鸡的饲养技术

（一）饲养方式

1. 三段式

雏鸡在6~8周龄转入育成舍，性成熟时转到产蛋舍。

2. 两段式

1~10周龄养在雏鸡舍，以后转入产蛋舍，是目前采用的主要方式，在根除鸡群支原体时采用较多。

3. 一段式

从1日龄开始直至产蛋结束在同一鸡舍内完成，随着年龄的增长更换相应的设备。多用于种鸡地面、网上、板条饲养，目前已较少使用。

（二）育成期的饲喂及体重控制

1. 更换饲料

育成鸡需在6~7周龄和14~15周龄两次换料。每次换料都需有一个过渡期，不可以突然全换。可采取下列方法进行饲料过渡，即从第7周龄的前1~2天，用2/3的育雏期饲料和1/3的育成期饲料混合投喂；第3~7天用1/3的育雏期饲料和2/3的育成期饲料混合喂鸡；从第8周龄开始，完全喂给育成期饲料。

更换饲料应以体重和跖长为标准，对6周龄末不能达标的雏鸡，需适当延长育雏料饲喂时间，直到达标为止。

2. 限制饲养

限制饲养是根据育成鸡的营养特点，限制其饲料的采食量，适当降低饲料营养水平的一种特殊饲养措施。

轻型品种蛋鸡沉积脂肪能力相对弱一些，一般不需要限制饲养；中型品种蛋鸡，特别是体重偏重的品种鸡早期沉积脂肪的能力比较强，需要在育成阶段采取限制饲养的方法，才能保证将来有较高的产蛋能力和存活率。

（1）限制饲养的目的

① 推迟性成熟，使生殖系统得到充分的发育。通过限饲可使性成熟延迟 5～10 天，使卵巢和输卵管得到充分的发育，增加整个产蛋期的产蛋量。

② 防止母鸡体况过肥，保持鸡有良好的产蛋体况。

③ 可降低产蛋期的死淘率。

④ 可节省饲料（一般为 10%～15%）。

（2）限制饲养的方法　限饲是从育雏期结束之后，对体重达到品种标准的育成鸡采用的。具体的限饲时间是从 8～12 周龄开始至 18 周龄结束。在限制饲养前鸡群必须断喙。

限制饲养的方法有限时、限量、限质等不同的方法，在蛋用品种鸡生产上常用的是限质法和限量法。

限质法是指在配制日粮时，适当限制某种营养成分的添加量，例如低能量日粮、低蛋白质日粮、低赖氨酸日粮等，使鸡的生长速度下降，减少脂肪沉积。通常是把能量水平降低至 9 205 kJ/kg。粗蛋白质降至 10%～11%，并提高日粮中粗纤维含量，使之达到 7%～8%。

限量法是指日喂料量按自由采食时日采食量的 90% 喂给。

（3）限饲时的注意事项

① 要有充足的水槽、料槽，保证有足够的槽位能让鸡同时

采食，否则会大大降低鸡群的均匀度。

②要加强对鸡群的巡查，特别是在空槽时或不饲喂日粮的时候，防止鸡只因饥饿感而产生啄癖。

③定期抽测体重。每周或两周称重一次，用平均体重与标准体重比较。如超过标准体重的1%，则在最近3周内总计减去实数1%的饲料量；平均体重低于标准体重的1%则增料1%。

④如遇鸡群发病或处于应激状态，应停止限饲改为自由采食。

四、育成鸡的管理技术

（一）饲养密度

在笼养条件下，应保证每只鸡有 $270\sim280cm^2$ 的笼位；在平养条件下，$7\sim18$ 周龄的育成鸡，每平方米 $10\sim12$ 只。饲养密度过大，鸡舍空气污浊，易发生啄癖、呼吸道病等，且易导致鸡群整齐度差。

（二）饲喂设备

育成期的料槽位置，每只鸡逐渐由 5cm 增至 8cm 左右，水槽的位置为料槽的一半。料槽、水槽在舍内要均匀放置，相互间的距离不应超过3m。高度要经常调整，使之与鸡背的高度基本一致。

（三）光照管理

见幼雏鸡的饲养管理。

（四）转群

在两段式和三段式的饲养方案中，育成前需将雏鸡从育雏舍转到育成舍，一般在 $6\sim8$ 周龄进行。

在转群前需做好以下准备工作：育成鸡舍和设备进行检修、清洗、消毒，并对运输工具消毒。育成鸡舍提前升温，尽量减少两舍间的温差。在转群前 $6\sim7$ 小时应停料。转群时应注意以下几点。

1. 尽量减轻应激

转群不应与断喙、免疫同时进行，防止引起强烈应激反应；转群前后 2~3 天，可在饮水中添加维生素及抗应激药物，以增加鸡群抗应激能力；运输车辆最好选用保温通风的空调车，并且运输车辆和笼具应经过消毒处理；冬季应选择在暖和的中午进行，夏季在凉爽的早晚进行，同时避开下雨、大风等恶劣天气；抓鸡、搬运、装卸鸡时一定要轻拿轻放，以减少应激及机械损伤。

2. 注意合理分群

在转群的同时，饲养人员应对鸡进行挑选，淘汰病弱鸡、残次鸡，并清点鸡只。

3. 做好饲养管理前后衔接

转群前育成鸡舍添好料和水；接鸡当日，可适当延长光照时间；要加强对鸡群的巡视，看是否存在逃逸，采食、饮水、粪便、精神状况等是否正常；给予弱鸡特殊照顾，使其尽快赶上大群。同时，按照免疫程序，备好所需疫苗，待转群稳定后适时免疫接种。

（五）抽测体重、跖长及测定均匀度

1. 抽测体重与跖长

从第 7~8 周龄起每 1 周或每 2 周称重 1 次。抽测体重的数量按万只规模 1% 抽样，5 000~10 000 只抽取 2%，小群体 5%，但不得少于 50 只。抽样要具有代表性，平养时可以从鸡舍中不同部位抽测，笼养时定位称重。抽测体重要安排在相同的时间，如早晨空腹测定，且必须是个体称重。

抽测体重的同时测定跖长。跖长原习惯称为胫长，是指跖（也写为蹠）骨的长度，即用卡尺度量跖骨上关节到第三趾与第四趾间的垂直距离（图 3-1）。跖长与体重合并，可以断定鸡只体型发育是否正常。跖长短而体重大者，表示鸡只肥胖；跖长长而体重相对小者，表示鸡只过瘦。二者产蛋表现均不理想。育成期的营养供给为前后两段。前段着重于跖长发育，后段着重于体重的增长。跖长的测定随体重称量进行。育成期的体重、跖长、耗料、饮水标准可参考表3-8数据。

表3-8 育成期体重、跖长、耗料、饮水参考标准

周龄	轻型鸡				重型鸡			
	耗料量（g/天）	饮水量（mL/天）	体重（g）	跖长（mm）	耗料量（g/天）	饮水量（mL/天）	体重（g）	跖长（mm）
7	44~47	80	520~535	80	50	75~85	540	77
8	46~49	90	590~625	85	50~55	85~90	650	83
9	47~50	95	660~700	89	55~60	100~110	760	88
10	49~52	10	730~775	93	60~65	110~120	840	92
11	51~55	105	790~845	96	65~70	120~126	950	96
12	54~57	110	850~915	99	70~75	126~132	1 010	99
13	56~60	115	910~975	101	70~75	132~138	1 120	101
14	58~62	115	965~1 035	102	75~80	138~144	1 190	103
15	60~64	115	1 020~1 095	103	75~80	144~150	1 280	104
16	62~66	120	1 070~1 155	104	80~90	151~157	1 360	104
17	63~67	120	1 115~1 205	104	80~90	165~170	1 450	105
18	65~69	125	1 160~1 250	104	80~90	165~170	1 500	105
19	67~72	130	1 210~1 305	104	90~95	170~177	1 550	105
20	70~76	140	1 260~1 360	104	90~95	177~185	1 600	105
成鸡	100~105	195	1 500~1 700	104	105~115	200~220	1 700~1 900	105

图 3 - 1 跖长测定

2. 计算均匀度

均匀度即鸡群中体重在平均体重 ±10% 以内的只数占取样总只数的百分比。如 2 500 只的鸡群，按 5% 抽样称重 125 只，其平均体重 1.30kg。

1.30 - 1.30 × 10% = 1.17 （kg）

1.30 + 1.30 × 10% = 1.43 （kg）

如果计算抽样称重的 125 只中体重在 1.17 ~ 1.43kg 的鸡数为 110 只，则此鸡群的均匀度为：（110 ÷ 125） × 100% = 88%

3. 判定标准

均匀度在 70% ~ 76% 时为合格，达 77% ~ 83% 为较好，达 84% ~ 90% 为很好。

（六）其他日常管理

1. 按强弱分群

应把体重较小、体况较弱的鸡挑出予以单独护理，适当多喂饲料，以便使这些弱小个体能够赶上强壮的鸡。

2. 加强通风

育成鸡正处于发育和向性成熟过渡的时期，一定要加强通风换气，应提供足够的新鲜空气，以促进心、肺系统的发育。

3. 做好日常记录

注意记录采食量、死亡数、淘汰数、发病与用药情况、体重、跖长等。

4. 做好卫生消毒

经常洗刷水槽、料槽并消毒，及时清粪，定期带鸡消毒。

5. 断喙

育雏阶段已经实施断喙，但应在 10 ~ 14 周龄进行一次查漏补缺。

（七）开产前的管理

1. 补钙与换料

蛋壳形成需要大量的钙，当饲料中钙不足时，母鸡会利用骨骼和肌肉中的钙，结果会造成母鸡瘫痪。因此在母鸡开产前应予补钙，一般可从 18 周龄开始，将育成鸡饲料中钙含量由 1%（或 0.9%）提高到 2%，或在雏鸡、青年鸡饲料的基础上，按每只鸡每天供给贝壳粉或碳酸钙碎粒 10 ~ 15g，拌入饲料中让鸡自由采食。

当鸡群产蛋率达 5% 时逐渐换为开产料。

2. 补充光照

在 18 周龄时进行称重，若体重达到标准重时，应每周增加光照 20 ~ 30 分钟，直到达 16 小时为止。若 18 周龄没有达到标准体重，可将原限饲改为自由采食，或将原自由采食的提高蛋白质和能量水平，直到达标时开始增加光照时间。

3. 驱虫

鸡群 17 ~ 18 周龄时应驱虫，尤其是地面平养育成的鸡群，可使用丙硫咪唑、左旋咪唑等。

第三节　产蛋鸡的饲养管理

产蛋期一般是指 21 ~ 72 周龄。此阶段的主要任务是最大限度地减少或消除各种不利因素对蛋鸡的影响，创造出一个有益于蛋鸡健康和产蛋的最佳条件，使鸡群充分发挥生产性能，以最少的投入获取最高的产出，从而获得最佳的经济效益。

一、产蛋鸡的生理变化与特点

（一）开产后身体尚在发育

刚进入产蛋期的母鸡，虽然已达性成熟，但身体仍在发育，体重继续增长，开产后 24 周，约达 44 周龄后生长发育基本停止，体重增长较少，44 周龄后多为脂肪积蓄。

（二）卵巢、输卵管发育在性成熟时急剧增长

性成熟以前输卵管长仅 8 ~ 10cm，性成熟后输卵管发育迅速，在短时期变得又粗又长，长 50 ~ 60cm。卵巢在性成熟前，重量只有 7g 左右，到性成熟时迅速增长到 40g 左右。

（三）对环境变化非常敏感

鸡产蛋期间，饲料配方的变化，饲喂设备的改换，环境温度、湿度、通风、光照、密度的改变，饲养人员和日常管理程序等的变换，鸡群发病、接种疫苗等应激因素等，都会对产蛋产生不利影响。

（四）不同时期对营养物质的利用率不同

刚到性成熟时期，母鸡身体贮存钙的能力明显增强。随着开产到产蛋高峰，鸡对营养物质的消化吸收能力增强，采食量持续增加。而到产蛋后期，其消化吸收能力减弱而脂肪沉积能力增强。

开产初期产蛋率上升快，蛋重逐渐增加，这时如果采食量跟

不上产蛋的营养需要，将被迫动用育成期末体内贮备的营养物质，使体重增加缓慢，以致抵抗力降低，产蛋不稳定。

（五）体型外貌发生明显变化

鸡冠、髯逐渐变大且较红润，将要开产和开产不久的母鸡经常发出悦耳的鸣叫声，腹部变大，耻骨间距逐渐拉开。

二、产蛋规律与生产性能计算

（一）产蛋规律

鸡群产蛋有一定规律性。鸡群开产后，最初的5周或6周内产蛋率迅速增加，6~7周达到高峰，持续一段时间后平稳下降。从产第一个蛋开始到正常产蛋约15天。在此期间，鸡产蛋无规律性，蛋往往不正常，如产蛋间隔时间长、产双黄蛋、产软壳蛋、一天之内产一个异状蛋和一个正常蛋，或两个均为异状蛋、产很小的蛋等。以后产蛋趋于正常，产蛋率逐渐上升，直到达高峰维持一段时间后平缓下降。

现代蛋鸡因具有优异的生产性能，故各品系鸡种的正常产蛋曲线均有如下特点。

① 开产后产蛋率迅速上升，曲线向高峰过渡所用时间短。此时期产蛋率应每周成倍增加，达40%以后则呈半倍增加，即5%、10%、20%、40%、60%、80%，在产蛋6~7周之内达90%以上，这就是产蛋高峰。产蛋高峰可在27~29周龄到达，至少持续2周以上，一般可以维持3~4个月。产蛋高峰持续时间的长短与饲养管理、疾病防控有极大的关系。

② 产蛋高峰过后，产蛋率下降平缓，一般每周下降不超过1%，至72周龄降至65%~70%。

③ 在产蛋过程中，如遇饲养管理不当或疾病等应激，将影响产蛋，产蛋率低于正常标准是不能完全补偿的。这种影响如发生在产蛋率上升过程中，则会造成严重后果。一般表现为产蛋下

降，永远达不到正常产蛋高峰，而且在以后各周产蛋率还会依此百分比等比例下降。例如，某鸡群产蛋高峰低于标准高峰10%，以后各周产蛋率就会比该周标准产蛋率低10%。由此看来，良好的饲养管理条件，为鸡群减少各种应激，对整个鸡群的生产性能有着极其重要的意义。

④ 母鸡在开产后蛋重也一直增长，前15周增长较快，到产蛋结束时，蛋重约增长30%。以后趋于稳定，一直保持到第二个产蛋年。第二个产蛋年后，随年龄增加，蛋重逐渐降低。

（二）衡量蛋鸡生产性能的主要指标

1. 开产日龄

开产日龄是母鸡性成熟的日龄，即从雏鸡出壳到成年产蛋时的天数。计算开产日龄有两种方法：做个体记录的鸡群，以每只鸡产第一个蛋的日龄的平均数作为群体的开产日龄；大群饲养的鸡，以全群鸡日产蛋率达50%时的日龄代表鸡群的开产日龄。

2. 产蛋量

指母鸡在统计期内的产蛋数，分为入舍母鸡产蛋量和饲养母鸡产蛋量。

$$入舍母鸡产蛋量（枚）= \frac{统计期内总产蛋数（枚）}{入舍母鸡数（只）}$$

$$饲养母鸡产蛋量（枚）= \frac{统计期内总产蛋数（枚）}{统计期内累加饲养只日数/统计期日数}$$

3. 产蛋率

指母鸡在统计期内的产蛋百分比，分为入舍母鸡产蛋率、饲养母鸡产蛋率和日产蛋率。

入舍母鸡产蛋率（%）= 统计期内总产蛋数（枚）/（入舍母鸡数×统计期日数）×100

$$饲养母鸡产蛋率（%）= \frac{统计期内总产蛋数（枚）}{统计期内累加饲养只日数}×100$$

日产蛋率＝当日该群母鸡总产蛋数（枚）／当日该群母鸡总数×100%

4. 产蛋期存活率

按入舍母鸡数于规定期内（例如76周龄）减去死亡数和淘汰数，所余存活鸡数占入舍母鸡数的百分比。计算公式：

产蛋期存活率（%）＝（入舍母鸡只数－死亡只数－淘汰只数）／入舍母鸡只数×100

5. 饲料报酬

常以产蛋期料蛋比来表示，指产蛋期耗料量除以总产蛋量即得每产1kg蛋所消耗的饲料量。计算公式：

料蛋比＝产蛋期耗料量（kg）／总产蛋量（kg）

三、产蛋前的准备

（一）饲养密度（笼养）

每只轻型鸡一般所需鸡笼笼底面积为450cm²，重型鸡为550cm²。阶梯式笼养蛋鸡轻型蛋鸡26.3只/m²，中型蛋鸡20.8只/m²。按现有鸡笼规格，通常每个小笼养白壳蛋鸡4只，褐壳或浅（粉）壳蛋鸡3只。

（二）鸡舍整理与消毒

当产蛋鸡即将达到性成熟而由育成舍转入产蛋鸡舍前，必须对鸡舍和设备进行彻底清洗和消毒。对供水、供电、通风设施、防雨保暖设施有问题要及时维修。在鸡舍最后一次消毒前要对供水、供电、刮粪等系统进行试运行，工作正常后再进行最后一次消毒。消毒方法可参考进雏前的消毒。

（三）转群与调整鸡群

方法请参考育成鸡。

四、产蛋鸡的饲养与管理

（一）饲养标准

高产蛋鸡对饲料营养要求很高，除按鸡种不同供给不同营养水平的饲料外，还要满足鸡自身的营养需要。产蛋鸡营养需要参考表5-3（136页）。

（二）阶段式饲养

根据鸡的年龄和产蛋水平，将产蛋期分为不同阶段，视其环境温度按不同阶段饲喂不同水平粗蛋白质和能量及钙的饲粮，使饲粮更趋合理，这种方法叫分段饲养。在生产中常分成3个阶段饲养。

1. 产蛋前期

鸡群产第一枚蛋开始至产蛋期的第6或7周，为产蛋上升阶段。前两周产蛋不正常，表现为产蛋间隔时间长，产双黄蛋、软壳蛋、异形蛋和小蛋。蛋重、体重增加也较快，生理上更进一步发育成熟。产蛋前期应注意以下几点。

① 给予安宁稳定的生活环境。

② 当产蛋率达50%时，将开产料换为高峰料。饲料中钙的含量由2%逐步增加至3.5%。

③ 关注体重变化。鸡群开产后，体重应与产蛋率同步增长，才能维持长久高产。因为初产母鸡即使采食的营养不足，也仍会保持其旺盛的繁殖机能，达到产蛋率不断增长的生理规律。但在这种情况下，初产母鸡会消耗自身的营养来维持产蛋，因此蛋重会变得比较小。所以，当营养不能满足需要时，首先表现在体重增长缓慢或停止增长，甚至下降。这样，母鸡就没有体力来维持长久的高产，随后产蛋率就会停止上升或开始下降。产蛋率一旦下降，即使采取补救措施也难以恢复到原来的水平。因此，应每周抽测体重，并与标准体重比较，依体重调整饲料配方与饲喂方

法。褐壳商品代蛋鸡的产蛋率、蛋重及体重参考标准见表3-9。

此外，在管理上应做好防疫，以防止随产蛋率增加，鸡的抵抗力下降而生病。

表3-9　褐壳商品代蛋鸡的产蛋率、蛋重及体重参考标准（部分）

产蛋周次	产蛋率（%） 按入舍母鸡计	平均产蛋数（枚） 按入舍母鸡累计	蛋重 （g/枚）	体重 （g）
1	5	0.4	46.0	1 710 ~ 1 930
10	87	44	58.2	2 020 ~ 2 250
20	79	102	62.9	
30	70	153	65.4	
40	61	199	67.2	
52	51	243	68.6	2 250 ~ 2 400
合计产蛋（枚）		243		
平均	66.5			

2. 产蛋高峰期

从产蛋第7周开始到产蛋的第17周，产蛋母鸡进入产蛋高峰期，产蛋率在90%左右。产蛋高峰稳定期的长短因品种、饲养管理水平不同而异，短的不足10周，长的可达14周左右，该阶段鸡的体重、蛋重略有增加。

产蛋高峰应注意的问题如下。

① 使用高营养水平日粮。日粮的营养水平对维持较长的产蛋高峰时间至关重要，应特别注意提高蛋白质、氨基酸（特别是蛋氨酸）、矿物质和维生素水平，并且应保持营养物质的平衡。

② 避免各种应激因素。

3. 产蛋后期

蛋鸡在350日龄（产蛋率在80%以下）以后属于产蛋后期。产蛋高峰过后，每周产蛋率下降0.5% ~ 1%，至产蛋的52周，产蛋下降到65% ~ 70%，该阶段体重、蛋重略有增加。

产蛋后期应注意的问题如下。

① 在产蛋率低于 80% 的 3 ~ 4 周后更换蛋鸡后期饲料，采取逐步过渡方法。此时应适当增加饲料中钙和维生素 D_3 的含量。因产蛋高峰过后，蛋壳品质往往逐渐变差，破损率增加。

② 控制鸡的体重增加，防止过肥影响产蛋，并可节约饲料成本。

③ 及时剔除病残鸡及低产鸡，减少饲料浪费。

④ 确保鸡群能缓慢降低产蛋率，防止早衰，尽可能延长经济寿命。

（三）日常管理

1. 创造适宜生产的环境条件

（1）温度　成年鸡适宜的温度范围为 13 ~ 28℃，产蛋鸡最适宜的温度为 18 ~ 23℃，不能低于 8℃ 或高出 30℃，超过 30℃ 则造成热应激，对产蛋鸡不利。冬季温度过低会增加饲料消耗。

（2）湿度　蛋鸡适宜的相对湿度为 55% ~ 65%。

（3）通风　通风的目的在于调节舍内温度，降低相对湿度，排除鸡舍中的有害气体，如氨气、二氧化碳和硫化氢等，使舍内保持空气清新，从而供给鸡群足够的氧气。鸡的体重越大、外界温度越高，需要的通风量就越多。通风方式包括横向通风和纵向通风。通风要求进气口与排气口设置合理，气流能均匀流过全舍而无贼风（即穿堂风）。

（4）光照　光照管理的目的是以适宜的光照使母鸡适时开产，并充分发挥其生产潜力。光照是保证蛋鸡高产稳产必不可少的条件。

① 光照原则。在母鸡产蛋期间，光照强度和时间要保持相对稳定，严禁缩短光照时间，舍内照度要均匀。

② 光照强度。鸡舍内光照强度一定要适宜，一般以 10 ~ 20lx（约 3 W/m^2）为宜。光照分布要均匀，不要留有光照死角。

如果光照过暗，不利于鸡只产蛋，而光照过强又会使鸡只易疲劳、惊群，还容易产生啄羽、啄肛等恶癖。光源通常是安装在走道的上方，距地面 2m，两灯的灯泡间距在 3m 左右，各排灯泡交叉安装，用普通白炽灯，灯泡功率以 15~60W/个为宜。

③ 光照时间。密闭式鸡舍可以人为控制光照，使鸡充分发挥其产蛋潜力，这是密闭式鸡舍鸡产蛋量较高的主要原因之一。可在第 19 周、8 小时/天光照基础上，20~24 周每周增加 1 小时，25~30 周每周增加 0.5 小时，直至每天光照时间达到 16 小时为止，最多不超过 17 小时，以后保持恒定。

开放式鸡舍根据不同季节和不同地区的自然光照规律，制定人工补光制度。补光要循序渐进，自第 19 周起每周增加 0.5 小时（不超过 1 小时），直至达 16 小时/天为止，最多不超过 17 小时，并持续到产蛋结束。同时，夜间必须有 8 小时/天连续黑暗，以保证鸡体得到生理恢复，免于过度疲劳。人工补光采用早晚各半的补光方法可提高人工光照的效果。

2. 饲喂

在饲喂时注意以下问题。

① 蛋鸡须饲喂干粉料，但不可过细。做到少给勤添，一般每天喂料 2~3 次，产蛋前和熄灯前喂足料。

② 在进行人工添料时，添料量不要超过食槽高度的 1/2，以不超过 1/3 最好。槽高应与鸡背等高。

③ 每天必须留有一定的空槽时间。

3. 饮水

饮水量一般是采食量的 2~2.5 倍，饮水不足会使产蛋率急剧下降。要保证水的品质，以长流水为最好。产蛋及熄灯之前各有一饮水高峰。夏天温度高应饮用清凉水，有利于产蛋。

4. 集蛋（捡蛋）

商品蛋鸡一般每天上下午各集蛋一次。在采集、运输时轻拿轻放，防止大的震动。

5. 观察鸡群

在清晨鸡舍内开灯后，观察鸡群精神状态和粪便情况；夜间闭灯后，倾听鸡群有无呼吸道疾病的异常声音；观察舍温的变化幅度，观察饲槽、水槽的剩余情况，以及是否适应鸡的需要；及时淘汰低产鸡。产蛋鸡与停产鸡的区别见表 3 – 10。

表 3 – 10   产蛋鸡与停产鸡的区别

项目	产蛋鸡	停产鸡
冠、肉垂	大而鲜红、丰满、温暖	小、色淡、不暖
泄殖腔	大而丰满、湿润、椭圆	小而皱缩、干燥、圆形
触摸品质	嫩、耻骨薄有弹性，耻骨间距 3 指以上	皮肤和耻骨端硬、无弹性，耻骨间距 2 指以下
腹部容积	大	小
羽毛	未换羽，羽毛不光亮	已换羽或正在换羽，或羽毛鲜亮
色素变化	喙、腿、脚已褪色	喙、腿、脚为黄色

6. 减少应激因素，保证良好的环境

蛋鸡对环境变化非常敏感，容易引起应激反应，使食欲不振、产蛋量下降、产软壳蛋等，需要数日才能恢复正常。为此应制定科学的管理程序，产蛋时间禁止进行突击性的工作，操作时动作要轻稳，减少进出鸡舍的次数，保持环境安静，防止兽、猫、鼠的进入。

7. 做好记录

日常管理中对入舍鸡数、存栏数、死亡数、产蛋量、产蛋率、耗料、体重、蛋重、舍温等都必须认真记录。

8. 防治疫病

鸡场疫病防制的原则是预防为主、综合防疫。因此应制定如下卫生防疫制度。

① 实行"全进全出"的饲养制度。

② 定期清洗、消毒食槽、水槽、饮水器、管道等。

③ 定期环境消毒，包括鸡舍和场区，人员及车辆等。

④ 有计划、科学的免疫接种。开产后，根据当地疫病流行情况与抗体监测结果（主要监测新城疫、禽流感 H9、H5 抗体），适时接种新城疫、禽流感、传支等疫苗，确保鸡群产蛋期间不发生重大疫情。同时，建立并保存免疫记录，包括疫苗种类、使用方法、剂量、批号、生产单位等。

（四）四季管理

1. 春季

春天气温逐渐变暖，日照时间延长，是鸡群产蛋回升的时期，只要加强饲养管理，并防止寒流袭击，保持环境相对稳定和安静，鸡群不发病通常都能高产。此阶段应预防呼吸道疾病及禽流感。

2. 夏季

夏季温度高，易造成蛋鸡热应激，出现运动减少，翅下垂，张口呼吸，频频饮水，采食减少，产蛋率下降，蛋形变小，蛋壳变薄、变脆，表面粗糙，破蛋率上升等现象。尤其是现代笼养蛋鸡的饲养密度大，受高温的威胁更严重，死亡率较高。此外，蚊蝇大量滋生也会影响蛋鸡的生产水平。因此须采取下列措施。

① 加强鸡舍通风。鸡舍应设有换气扇、吊扇等。

② 隔热遮阳、使用水帘与风机，也可喷水降温。

③ 供给清洁的凉水。

④ 调整饲料配方。

高温季节，鸡采食量下降，蛋白质摄取不足会直接影响产蛋量。但鸡只代谢蛋白质时产生的热增耗较多，因此，不能靠单纯提高日粮蛋白质含量来弥补，应在保证营养需求的前提下，采取改喂低蛋白日粮，适当补加必需氨基酸（尤其是蛋氨酸和赖氨酸）和提高蛋白质利用率的饲养方法，来保证鸡只对蛋白质的需求，同时添加 1% ~3% 的植物油以提高能量水平。并根据鸡的采食量减少情况，适当调整饲料中钙、磷的比例，一般增加 5% ~10%，可用贝粉替代石粉。

⑤ 改变喂料时间。中午气温高，鸡的体温上升 0.3 ~1.5℃，此时蛋鸡极少吃料。鸡多在清晨和傍晚较凉爽的时候进食，所以，在早晚多投料可提高鸡只的采食量。

⑥ 可在饮水中添加维生素 C 或其他抗热应激的药物。

⑦ 预防夏季高发疾病，如大肠杆菌病、非典型新城疫等。

⑧ 改善环境，减少蝇蛆滋生，可在饲料中加入防蝇蛆药物，如环丙氨嗪，防止蝇蛆生长。

3. 秋季

① 秋季昼夜温差大，应注意调节，尽量减少外界环境条件的变化对鸡产生的不良影响。

② 在产蛋后期，为保持较高的产蛋量，可适当延长光照时间，但最长时间不能超过 17 小时/天，照度为 3 ~4W/m^2。

③ 要注意饲料配方的稳定性和连续性，正常情况在天气转凉后采食量应增加，如采食量降低则必须查明原因。

④ 天气转凉后，预防下痢及呼吸道疾病。

4. 冬季

冬季气温低，冷空气和寒流频繁袭击，风力大，日照短。蛋鸡在冬季用于维持体温的热能增多，因此采食量增加。低温会使鸡产蛋率下降，饲料报酬降低，甚至使鸡抵抗力减弱。

① 防寒保温。开放式鸡舍将北面的窗户封严，朝南的门窗除白天中午定时打开通风换气外，其余时间要关严。密闭式鸡舍则应适当减少通风量。在严寒季节可人工加温，使舍内温度最好保持在 13℃ 以上，不低于 8℃。温度过低会增加饲料消耗。

② 调整饲料配方。要适当提高饲粮的能量浓度，保证蛋鸡

的营养需要。给料量的增加应适可而止，防止蛋鸡长得过肥。

③ 补充光照，保证光照时间。

④ 预防冬季高发疾病，如传喉、流感等。

五、蛋品质调控

（一）蛋壳质量与颜色

1. **影响蛋壳质量的因素**

（1）环境　高温高湿、寒冷高湿、舍内空气中氨浓度高都会使蛋壳质量变差。

（2）应激　鸡处于应激状态下，如噪声、寒冷刺激、突然较强的光照、疫苗接种等会影响肠道对营养物质的吸收利用，缩短蛋在子宫中的滞留时间或造成内分泌紊乱，妨碍蛋壳的正常形成，出现畸形蛋、薄壳蛋、软壳蛋或无壳蛋。

（3）光照　光照能提高蛋壳质量，蛋壳厚度、蛋壳重量（单位面积蛋壳重所表示的蛋壳质量）与光照周期呈直线关系。

（4）饲料与营养　钙、磷比例与适宜的含量，钙源颗粒大小适宜（蛋鸡饲料石粉由 6～8 目、10～12 目与 50 目共同组成较好）等，都会对蛋壳质量产生积极的影响；磷决定蛋壳的韧性和弹性；维生素 D_3 有利于改进蛋壳品质，但过量的维生素 D_3 对蛋壳的钙含量和机体内钙质的储存都无好处。日粮酸碱是否平衡、维生素 C、微量元素等也会影响蛋壳质量。

（5）饲料卫生指标　饲料中霉菌毒素、农药及杀虫剂残留都会影响蛋壳质量。

（6）疾病与用药　有些疾病对蛋壳质量会产生严重的影响，如新城疫、传支、减蛋综合征、脑脊髓炎、鸡白痢、笼养鸡产蛋疲劳综合征及慢性消化道系统的疾病等，导致蛋壳颜色变浅（有色蛋壳），蛋壳变薄、变脆，出现沙皮蛋、软壳蛋、无壳蛋、畸形蛋等。在治疗疾病的过程中不合理的用药也会影响蛋壳质量。

（7）设备　鸡笼笼底坡度、集蛋系统各部件间的衔接、集蛋容具等不合理都会影响蛋壳质量。

（8）鸡的日龄　褐壳蛋鸡产蛋初期蛋壳颜色较深，产蛋后期变浅、变薄。

2. 提高蛋壳质量的措施

① 预防鸡消化道、生殖道等疾病。

② 保持鸡舍环境适宜、安静和渐变。

③ 保证饲料中钙、磷和维生素 D_3 的含量及适宜的钙磷比例。

④ 改进鸡笼结构，保证笼底有必要的倾角，使产出的蛋能及时滚出。

⑤ 在集蛋、运输时轻拿轻放，防止大的震动。

⑥ 产蛋后期，适当增加饲料中钙和维生素 D_3 的含量，并经常饮用多维电解质或速补。

（二）蛋重大小控制技术

蛋重不是越大越好，当然也不是越小越好。鸡蛋的合理蛋重是 50～65g。大鸡蛋水分含量高，鸡蛋味道差。有报道小鸡蛋比大鸡蛋在脂肪酸含量和维生素含量等方面确实含量高，且味道好。产蛋后期蛋重增加不仅不能增加经济效益，而且蛋壳质量变差、破损率增加。

影响蛋重的因素包括遗传及生理因素、营养因素和管理因素，在生产中注意以下问题。

1. 品种

有的品种体型大、蛋型大，如海赛和依莎。因此可根据不同市场选择不同的蛋鸡品种。

2. 体重，尤其是开产体重

一般情况下，体重大的鸡蛋重大，所以要控制体重。开产体重较轻通常是引起开产初期蛋重过小的重要因素。18 周龄体重每增加 45g，蛋重约增加 0.5g。15～19 周龄体重会影响蛋重，这种影响与营养素的摄入量有关。体重每增加 100g，采食量增加 3.5g，蛋重增加 1.2g。因此在育成期，就应注意检查鸡只的生长状况，从营养、疾病防治、光照、饲养空间以及断喙等方面考虑，以便开产时达到理想的体重和蛋重。

3. 年龄

一般随年龄增加，蛋重增大。

4. 开产季节

统计表明，春季开产的新母鸡与秋季开产的相比，产蛋率较高，蛋重较小。

5. 采食量

采食量越大蛋重越大，主要是摄入的蛋白质多。因此对蛋鸡产蛋后期可适当限制采食量。

6. 饲料中蛋氨酸含量

蛋氨酸含量低，蛋重低。普通鸡饲料蛋氨酸含量 0.37%，后期一定要适当控制到 0.35% 以内，否则蛋重增加。

7. 饲料中亚油酸含量

亚油酸含量增加蛋重增加，40 周龄后要降低亚油酸含量，变植物油为酶制剂或动物油。

8. 饲料中蛋白质含量

普通鸡每天 18g 粗蛋白质，矮小型（如农大 3 号）每天 14.5g 粗蛋白质。后期为防止蛋重增加，应适当降低每天蛋白质摄入量。

9. 光照时间

延迟开产日龄会令初产蛋较大，可通过控制光照来控制性成熟。因此应制定合理的光照制度，蛋重过大时可适当减少光照时间。

10. 其他因素

饲料中添加牛磺酸会降低蛋重，色氨酸可以提高蛋重。

第四节　蛋种鸡的饲养管理

饲养种鸡的目的是为了尽可能多地获取受精率和孵化率高的合格种蛋，以便由每只种母鸡提供更多的健康母雏。而种母鸡所产母雏的多少、质量的优劣，取决于种鸡各阶段的饲养管理及鸡群疾病净化程度。

一、后备种鸡的饲养管理

蛋用种鸡与商品蛋鸡育雏、育成饲养方法大同小异，在此我们重点介绍不同之处。

（一）饲养方式与饲养密度

后备种鸡的饲养方式有笼养、网上（或棚架）平养和地面平养等。为方便疾病控制，有利于防疫，提高后备鸡质量和成活率，建议采用笼养或棚架平养。育雏期笼养多采用四层重叠式育雏笼，育成期笼养时可用两层或三层育成笼。

种鸡的饲养密度比商品鸡小 30% ~ 50% 即可。合适的饲养密度有利于种鸡的正常发育，也有利于提高后备种鸡的成活率和均匀度。随着日龄的增加，饲养密度也应相应降低，可结合断喙、免疫接种等工作调整饲养密度，并实行强弱分群饲养、公母分开饲养，淘汰体质过弱的鸡。育雏、育成期不同饲养方式的饲养密度见表 3 – 11、表 3 – 12。

表 3 – 11　育雏、育成期不同饲养方式的饲养密度　　（单位：只/m²）

种鸡类型	周龄	全垫料地面平养	棚架（网上）平养	四层重叠式笼养
轻型鸡	0 ~ 2	13	17	74
	3 ~ 4	13	17	50
	5 ~ 7	13	17	36
	8 ~ 20	6.3	8.0	转入育成笼

（续表）

种鸡类型	周龄	全垫料地面平养	棚架（网上）平养	四层重叠式笼养
中型鸡	0～2	11	13	59
	3～4	11	13	39
	5～7	11	13	29
	8～20	5.6	7.0	转入育成笼

表3－12　笼养（重叠式）的饲养密度　（单位：只/m²）

蛋种鸡类型	周龄	饲养只数（只/组）	饲养密度	放置层数
轻型鸡	1～2	1 020	74	上2层
	3～4	1 010	50	3层
	5～7	1 000	36	4层
中型鸡	1～2	816	59	上2层
	3～4	808	39	3层
	5～7	800	29	4层

（二）分群饲养

现代种鸡生产中采用的都是高产配套系的种鸡，不同种鸡养殖场饲养的种鸡在配套杂交方案中所处的位置是特定的，不能互相调换。因此，不同种鸡在出雏时都要佩戴不同的翅号，或断趾或剪冠，以示区别。各系种鸡还应分群饲养，以免弄错和方便配种计划的编制，也便于根据各系种鸡不同的生长发育特点进行饲养管理。

另外，种公母鸡6～8周龄前可混养，9～17周龄阶段应分开饲养。公鸡最好采用平养育成，并备有运动场，让其充分运动，以锻炼体格，提高后备种公鸡质量。同时注意饲养密度不能太大，6周龄后，种公鸡450～500cm²/只，成年种公鸡900cm²/只。在此期间，还可将体重过重和过轻者分开饲养，并有针对性地进行限饲和补饲。

分群后，公母鸡应按同样的光照程序进行管理。育成后期至产蛋高峰前逐渐增加光照时数，母鸡增加到 16 小时/天。如果公母混养，以母鸡的光照要求为准，控制饲喂量，公鸡比母鸡多喂 10% 左右。

不分群饲养的单设公鸡料槽，并给公鸡戴鼻签，以免其采食母鸡饲料。

（三）种公鸡的选择和培育

1. 断喙、断趾与戴翅号

配种时采取人工授精的公鸡要断喙，以减少育雏、育成期间的死亡。公鸡断喙的合理长度为商品蛋鸡的一半，断喙时间与商品鸡相同。即 6～10 日龄进行第 1 次断喙，在 12 周龄左右将漏断、喙长、上下喙扭曲等异常喙进行补断或重断。采用自然交配的公鸡，可将内侧第一、第二趾断去，以免配种时抓伤母鸡。

引种时，各亲本雏出雏时都要戴翅号，长大后容易区别，特别是白羽蛋鸡，如果不戴翅号混杂了，后代就无法自别雌雄。

2. 剪冠

由于种公鸡的冠较大，既影响视线，也影响种公鸡的活动、饮水和配种，也容易因为争斗而受伤。因此，种公鸡要剪冠。此外，在引种时为了便于区别公母鸡也要剪冠。

剪冠的方法：出壳后通过性别鉴定，用手术剪剪去公雏的冠，要注意不要太靠近冠基，防止出血过多，否则影响发育和成活。也可只把冠齿剪去，以免影响散热。2 月龄以上的公鸡剪冠后，出血较多，容易影响生长发育。因此，剪冠不应在 2 月龄后进行。

3. 光照

分群后，公母鸡应按同样的光照程序进行管理。育成后期至产蛋高峰前逐渐增加光照时数，公鸡到 12～14 小时/天为止。

4. 后备种公鸡的选择

种公鸡的质量直接影响到种蛋受精率及后代的生产性能。由于种公鸡在配种时所需数量明显少于种母鸡，因此每只种公鸡对后代的影响大于种母鸡，必须进行更严格的选择。

（1）第一次选择　在育雏结束公母分群饲养时进行，选留个体发育良好、冠髯大而鲜红者。留种的数量按 1：（8～10）的公母比选留（人工授精按 1：10，自然配种按 1：8），并做好标记，最好与母鸡分群饲养。

（2）第二次选择　在 17～18 周龄时选留体重和外貌都符合品种标准、体格健壮、发育匀称的公鸡。人工授精的公母比为 1：（15～20），并选择按摩采精时有性反应的公鸡；自然交配的公母比为 1：9。

（3）第三次选择　在 21～22 周龄进行。进行人工授精的公鸡，经过 1 周按摩采精训练后，主要根据精液品质和体重选留，选留精液乳白色、量多、精子密度大、活力强的公鸡，选留公母比例为 1：（20～30）。自然交配的公鸡此时已经配种 2 周左右，主要把那些配种时处于劣势的公鸡淘汰掉，如鸡冠发紫、萎缩、体质瘦弱、性活动较少的公鸡，公母比为 1：（10～12）。

5. 后备种公鸡的营养水平

代谢能 11～12MJ/kg；育雏期粗蛋白质 18%～19%，钙 1.1%，有效磷 0.45%；育成期粗蛋白质 12%～14%，钙 1.0%，有效磷 0.45%；微量元素及维生素可与母鸡相同。

公母混养时应设公鸡专用料槽，放在比公鸡背部略高的位置。

（四）体重标准与跖长标准

1. 种鸡的体重标准

蛋用种鸡的适宜开产体重，轻型鸡大致为 1 360g 左右，中型鸡为 1 800g 左右（表 3 - 13）。开产周龄则根据鸡种资料及现实的饲养管理条件，一般在 20～21 周龄见蛋，22～23 周龄达 5% 的产蛋率，24～25 周龄达 50% 产蛋率，轻型鸡种与中型鸡种的开产周龄已比较接近。

适宜的开产体重与日龄，是与整个育成期合理、精细的饲养管理分不开的。其中，光照管理与蛋鸡部分基本相同，种鸡开产前光照时数的增加可以晚一些、缓慢些，以获得适宜的开产蛋重。

表 3－13　来航型与中型蛋种鸡的体重标准　　（单位：kg）

周龄	来航型		中型蛋鸡（产褐壳蛋）		周龄	来航型		中型蛋鸡（产褐壳蛋）	
	母鸡	公鸡	母鸡	公鸡		母鸡	公鸡	母鸡	公鸡
1	0.09	0.14	0.13	0.18	17	1.19	1.50	1.50	1.91
2	0.14	0.18	0.18	0.22	18	1.23	1.55	1.54	1.96
3	0.22	0.27	0.27	0.32	19	1.27	1.64	1.64	2.09
4	0.27	0.36	0.36	0.45	20	1.32	1.68	1.68	2.13
5	0.36	0.46	0.46	0.59	21	1.36	1.73	1.73	2.18
6	0.41	0.55	0.59	0.73	22	1.41	1.77	1.77	2.27
7	0.50	0.68	0.68	0.86	23	1.45	1.86	1.82	2.32
8	0.59	0.77	0.77	1.00	24	1.50	1.90	1.86	2.36
9	0.68	0.91	0.86	1.09	25	1.55	1.96	1.96	2.45
10	0.73	1.00	0.95	1.22	30	1.59	2.00	2.00	2.54
11	0.82	1.04	1.04	1.32	40	1.64	2.09	2.05	2.59
12	0.91	1.14	1.14	1.45	50	1.68	2.13	2.09	2.64
13	0.96	1.23	1.23	1.54	60	1.73	2.18	2.18	2.72
14	1.04	1.32	1.32	1.63	70	1.77	2.27	2.23	2.82
15	1.09	1.36	1.36	1.73	80	1.82	2.32	2.27	2.94
16	1.14	1.46	1.45	1.82					

2. 种鸡的跖长标准

骨骼和体重的生长发育不同。体重是在整个育成期不断增长的，直到产蛋期 36 周龄时达到最高点。骨骼是在最初的 10 周内迅速发育，到 20 周龄时骨骼发育完成，前期发育快，后期发育慢。因此，要求后备鸡 12 周龄时完成骨骼发育的 90%。如果饲料营养、种鸡管理等配合不当，为了达到体重标准就必然会出现带有过量脂肪的小骨架鸡，种鸡将来的产蛋性能明显达不到应有的标准。所以，在育雏期，胫长标准比体重标准更重要，应重视雏鸡及育成鸡骨骼的充分发育。在育雏期使雏鸡达到良好的体形和适宜的胫长是应追求的主要目标。

表 3－14 列出了迪卡父母代种鸡的胫长标准，供参考。

表 3－14　迪卡父母代种鸡的胫长标准　　（单位：mm）

周　龄	公鸡胫长	母鸡胫长	周　龄	公鸡胫长	母鸡胫长
1	35	33	11	106	91
2	44	40	12	110	95
3	52	46	13	114	99
4	60	52	14	117	101
5	67	58	15	120	102
6	74	65	16	122	103
7	81	71	17	124	104
8	88	78	18	125	105
9	95	83	19	125	106
10	101	87	20	126	106

二、产蛋期种鸡的饲养管理

（一）饲养方式和饲养密度

1. 饲养方式

产蛋期蛋用型种鸡的饲养方式有地面垫料平养、离地网上平养、地网混合平养、个体笼养和小群笼养等。采取人工授精的种母鸡多采取二层阶梯式笼养，每个单体笼2只。自然配种时，可采取地面垫料平养、离地网上平养、地网混合平养等饲养方式。平养还需配备产蛋箱，每4只母鸡配一个。采用小群笼养时，要注意群体不可太小，以免限制公母鸡之间的选择范围，造成种蛋受精率下降。

繁殖期人工采精的公鸡必须单笼饲养。

2. 蛋种鸡的饲养密度

饲养密度的大小与种鸡饲养方式和体型有关。不同饲养方式下不同体型蛋种鸡母鸡的饲养密度见表3-15，公鸡所占的饲养面积应比母鸡多一倍。

表3-15   蛋种鸡母鸡的饲养密度

鸡体型	地面平养		网上平养		混合地面		笼养	
	m²/只	只/m²	m²/只	只/m²	m²/只	只/m²	m²/只	只/m²
轻型蛋种鸡	0.19	5.3	0.11	9.1	0.16	6.2	0.045	22
中型蛋种鸡	0.21	4.8	0.14	7.2	0.19	5.3	0.050	20

注：笼养所指的面积为笼底面积。

（二）适时转群

由于蛋种鸡比商品鸡通常迟开产1~2周，故转群时间可比商品蛋鸡推后1~2周，安排在18~19周龄进行。产蛋期进行平养的后备种鸡要求提前1~2周（即安排在17~18周龄）转群，目的是让育成母鸡充分熟悉环境和产蛋箱，减少窝外蛋，提高种蛋合格率。

（三）公母合群与种蛋收集

种鸡采取人工授精时，需要提前1周训练公鸡适应按摩采精。种母鸡最初2天连续输精，第3天即可收集种蛋。一般情况下，母鸡下午4：00输精，每次输精量为0.025~0.03mL，若精液稀释输精量为0.05mL，产蛋中、后期的输精量应稍大一些，约为 0.05mL。每隔 4～5 天输精 1 次。

进行自然配种时，一般在母鸡转群后的第 2 天投放公鸡，以晚间投放为好。最初可按 1 : 8 的公母比放入公鸡，以备早期因斗架所致的淘汰和死亡。待群序建立后，按 1 : 10 的公母比剔除多余的、体质较差的公鸡。通常在公鸡与母鸡混群后 2 周即能得到较高的种蛋受精率。但收集种蛋的适宜时间还与蛋重有关，一般蛋重必须在 50g 以上才能留种，即从 25 周龄开始能得到合格种蛋。

（四）蛋种鸡的营养水平

种母鸡的饲喂方法与商品蛋鸡一致，都要求进行分段饲养。与商品蛋鸡相比，种母鸡需要更多的维生素、必需氨基酸和微量元素，才能获得较高的种蛋受精率与孵化率。

繁殖期种公鸡的营养需要比种母鸡低。采用代谢能 10.80～12.13MJ/kg，蛋白质 11%～12% 的饲粮，如果采精频率高，建议提高日粮粗蛋白质水平为 12%～14%，日粮氨基酸要平衡。种公鸡日粮中钙为 1.5%，磷为 0.8%，维生素 A 为 10 000～20 000IU/kg，维生素 E 为 22～60mg/kg，维生素 D_3 为 2 000～3 850IU/kg，维生素 B_1 为 4mg/kg，维生素 B_2 为 8mg/kg，维生素 C 为 50～150mg，其他维生素和微量元素与种母鸡基本相同。

种鸡实际生产中应参考有关育种公司制定的种鸡饲养标准来进行调整。同时，为了防止公鸡体重过大，给料量应加以控制。

（五）种鸡体况检查与疾病检疫净化

1. 种鸡体况检查与选择

实施人工授精的公鸡，应每月检查体重一次，凡体重下降在 100g 以上的公鸡，应暂停采精或延长采精间隔，并加强饲养，甚至补充后备公鸡。对自然配种的公鸡，应随时观察其采食饮水、配种活动、体格大小、冠髯颜色等，必要时更换新公鸡，种鸡群中放入新公鸡应在夜间进行。

随时检查种母鸡，及时淘汰病弱鸡、产蛋量低的鸡和停产鸡，可通过观察冠髯颜色、触摸腹部容积和泄殖腔等办法进行。

2. 疾病检疫净化

种鸡场要保证所饲养的种鸡群健康无病，这样生产提供的禽苗才符合要求。因此在疾病控制上要始终贯彻"防重于治"的方针，做好日常的卫生防疫工作，谢绝参观，加强疫病监测工作，减少各种应激因素，控制鼠害、寄生虫，妥善处理死鸡和废弃物。

种鸡群（尤其是种公鸡）还要对一些可垂直传染的疾病进行检疫和净化，如鸡白痢、支原体病、减蛋综合征、淋巴白血病、传染性脑脊髓炎等可通过种蛋传递给下一代。通过检疫和净化，淘汰阳性个体，留阴性鸡做种用，可大大提高种源的质量。

鸡白痢的检测是各个代次的种鸡必不可少的步骤，一般采用全血平板凝集试验法。可参考以下方案：在种鸡群 100～120 日龄、130～150 日龄进行两次普检，如第二次检疫有鸡白痢阳性或可疑鸡时，则在 160～180 日龄进行第三次检疫。若连续两次检疫均为鸡白痢阴性后，再隔 1 个月按全群的 1% 抽检一次。抽检时若出现鸡白痢阳性鸡，则全群普检。若无阳性，则每半年按种鸡群的 1% 抽检。检出的鸡白痢阳性鸡及可疑鸡一律淘汰。种鸡群连续两次（两次间隔不少于 21 天）抽检，鸡白痢阳性率祖代鸡场均在 0.01% 以下（包括 0.01%），父母代种鸡场均在 0.1% 以下（包括 0.1%），该鸡群为鸡白痢净化鸡群。

鸡支原体病、产蛋下降综合征、传染性脑脊髓炎的工作重在预防，其中鸡支原体病既可用药物预防，也可用疫苗预防，而减蛋综合征和传染性脑脊髓炎可对种鸡进行疫苗接种预防。

（六）制定合理的免疫程序

种鸡与商品鸡免疫程序有相同之处，亦有不同之处。不同之处在于制定种鸡免疫程序时不仅要考虑其自身的健康，还要考虑保证某些疾病的高抗体水平，以保证初生雏鸡具有较高的母源抗体水平。与商品代蛋鸡相比，蛋种鸡还需接种脑脊髓炎疫苗，开产后还需接种法氏囊、新城疫等油苗，以保证雏鸡健康。

三、提高种蛋合格率的措施

蛋种鸡蛋重以 50～65g 为宜，蛋重过小、过大和各种畸形蛋均影响种蛋孵化率。因此，饲养种鸡不但要考虑提高产蛋量，还要考虑提高种蛋合格率与受精率。提高种蛋合格率是提高种鸡场经济效益的重要措施。

（一）饲喂全价日粮

在种鸡的饲料中除了考虑能量和蛋白质外，还要考虑影响蛋壳质量的维生素和矿物质元素的添加，尤其是钙、磷、锰、维生素 D_3。通过提高营养水平，可以有效地降低破蛋率，从而提高种蛋合格率。种蛋的破蛋率应控制在 2% 以内。

（二）科学管理种鸡

1. 选择设计合理蛋鸡笼，增加捡蛋次数

每天分 2～3 次收集种蛋，并且在加料前 1 小时捡蛋，减少种蛋在鸡舍停留时间，以减少相互碰撞，可使破损率减少到 2% 以下。

良好的养鸡设备是提高种蛋合格率的一个关键因素，优质笼具的破蛋率很低。种鸡笼的选择应注意以下几个问题：底网弹性好；镀锌冷拔钢丝直径不超过 2.5mm；笼底蛋槽的坡度不超过 8°；每个单体笼装鸡 2 只。

2. 减少各种应激因素

保持养鸡环境相对安静，不要人为地制造噪声，非饲养管理人员不得随意进入鸡舍等。

3. 加强夏季管理

天气炎热季节，应加大鸡舍通风，降低鸡舍温度，也可采用喷水降温。喂料时，采取早晚多喂，中午少喂的办法，保证鸡群每天足够的采食量，且下午单独补钙。

4. 合理控制光照

实际生产中，蛋用型种鸡与商品蛋鸡的光照控制略有不同，密闭式鸡舍光照管理方案见表3-16，开放式鸡舍光照管理方案见表3-17。

表3-16　密闭式鸡舍光照管理方案（恒定渐增法）

周龄	光照时间（小时/天）	周龄	光照时间（小时/天）
0~3	24	23	12
4~19	8~9	24	13
20	9	25	14
21	10	26	15
22	11	65~72	17

表3-17　开放式鸡舍光照管理方案

周龄	光照时间	
	5月4日至8月11日出雏	8月12日至翌年5月3日出雏
0~3	24	24
4~7	自然光照	自然光照
8~19	自然光照	按日照最长时间恒定
20~64	每周增加1小时，直到达16小时	每周增加1小时，直到达16小时
65~72	17小时	17小时

5. 搞好疾病防治、培育健康鸡群

某些疾病如鸡新城疫、鸡传染性喉气管炎、鸡传染性支气管炎、鸡减蛋综合征等疾病，不但可以使产蛋率下降，而且可使蛋壳变薄，畸形蛋、沙壳蛋增多，从而降低种蛋的合格率。产蛋鸡群应严格按照免疫程序实施免疫，避免发生相应传染病，各种疫苗的免疫须在产蛋前结束。同时，加强平时的预防性消毒及种鸡的检疫工作。

（三）注意提高群体的均匀度

培育一个优良的群体，须从育雏阶段开始，因为雏鸡、育成鸡的体重均匀度是否达到要求，将直接影响产蛋鸡体重的整齐度。从育雏、育成阶段，注意适时分群，保持适宜的饲养密度，环境温度要适宜。对弱小的鸡单独分开，精心饲养，对体重偏差过大的弱鸡淘汰，以保证鸡群有较高的均匀度。一般均匀度达到80%以上，甚至90%以上，鸡群的性成熟才能一致，才能达到应有的产蛋高峰期，保证蛋形标准，大小均匀，合格率、受精率、孵化率才能相应增加。

第四章　肉鸡的饲养管理

第一节　快大型肉仔鸡生产

一、快大型肉仔鸡的饲养方式

肉用仔鸡的饲养管理与蛋雏鸡饲养管理有相似之处。从雏鸡到出售，一般分为育雏期和肥育期2个阶段，育雏期一般是从1日龄至3~4周龄，此期是借助于供暖维持体温的生长初期；肥育期是从3~4周龄至出售（7~8周龄），此期是以通风换气为主的饲养管理。

（一）厚垫料平养

选用材质松软干燥、吸水性好的垫料，可以选用刨花、锯末及切短的稻草、麦秸、玉米秸等，在地面铺10~15cm厚。这种饲养方式投资少，仔鸡胸囊肿的发生率低，但鸡与粪便直接接触，容易感染病原。

（二）网上平养

生产上常在金属底网上再铺一层弹性塑料方眼网，因其柔软有弹性，减少了仔鸡腿病和胸囊肿的发生率。网上平养饲养密度比地面平养高25%左右。

（三）立体笼养

在特制的多层笼内饲养，每层下面有承粪板，可人工清粪或机械清粪。立体笼养饲养密度高，鸡舍利用率和劳动效率高，并能有效地控制球虫病和白痢病的蔓延，但一次性投资大，且胸囊肿和腿病的发生率较高。近年来，笼具材料不断改进，饲养效果较好。

二、肉仔鸡的饲养管理

（一）饲养前的准备工作

1. 鸡舍设备的安装与调试

2. 鸡舍的清理消毒

进鸡前 1~2 周，对鸡舍进行清理与消毒，并在鸡场大门口设置消毒池，消毒池长度大于所通过车辆的车轮 1 周的长度，深度适当，池内放消毒液。鸡舍门口设脚踏消毒设施。消毒方法参照第三章第一节。

3. 准备饲料、药品、疫苗等

肉仔鸡生产中多使用颗粒饲料，以获得较高的生长速度。生产中，肉仔鸡分阶段使用不同营养指标的饲料，可分为二段制或三段制。二段制即 0~3 周龄内饲喂前期日粮，4 周龄后饲喂后期日粮；三段制即 0~3 周龄饲喂幼雏日粮（Ⅰ号料，小鸡料），3~6 周龄饲喂中期日粮（Ⅱ号料，中鸡料），6 周龄后饲喂后期日粮（Ⅲ号料，大鸡料）。快大型肉仔鸡每只总计准备饲料约 6kg。

为预防疾病发生，饲养肉仔鸡还应准备不同类型的消毒药，防治球虫、大肠杆菌等的药物，药物种类需根据药敏结果进行选择，使用中应注意药物的休药期。

4. 鸡舍升温与供水

在冬季，升温能力较差的鸡场可提前 2 天，夏季提前 1 天即可。通过舍内供暖设施如火炉、烟道、暖气等，使舍温达到 27~29℃，育雏器内调至 33~35℃，保持恒温，等待雏鸡入舍。雏鸡入舍前 1 天将贮水设备内加好水，进行供水测试，雏鸡进舍前使水温与室温一致，或使用凉白开。

（二）肉仔鸡的饲养

1. 雏鸡的运输与安置

肉仔鸡多为雌雄混养，因此不做雌雄鉴别。鸡雏出壳 18 小时内开始装箱运输。到达目的地后，迅速搬进育雏舍，稳定一段时间后安放。

2. 饮水

雏鸡入舍安顿好后即可进行初饮。第一周最好使用凉白开，前 3～5 天内饮水中应加入 3%～5% 的葡萄糖，以补充体力；还可加入防白痢、大肠杆菌等疾病的药物，如氧氟沙星、丁胺卡那等；为减小应激，还可加入多维电解质等。7 日龄后饮用凉水，水温应与室温一致。肉仔鸡应采取自由饮水，并随鸡生长不断调高饮水器高度，以使鸡只能够饮水充足。

3. 饲喂

雏鸡初次饲喂称为开食。开食在开水后 1～2 小时、出壳 24～36 小时或有 1/3 鸡出现啄食行为时进行，可使用料盘或塑料布，每 2 小时 1 次。每次喂量应控制在使雏鸡 30 分钟左右采食完，不可给雏鸡喂得过饱，一般第一天平均每只鸡采食 4～5g。

第 2～3 天开始使用料桶或料槽饲喂，并随鸡的生长提高喂料桶的高度，使其与鸡背高度一致，减少饲料浪费并防止垫料混入。每次加料不超过料桶容量的 1/2，每昼夜添加 4～6 次，让鸡每天有 4～5 次短时间的断料（每次不超过 2 小时），这样可以刺激鸡多采食，防止饲料浪费。在换料时应逐渐过渡，以免产生应激。

现代饲养中，为降低肉仔鸡后期发病率、死亡率，可在 25～33 天期间适当限制饲养，饲料按自由采食的 85%～95% 喂给。

（三）肉仔鸡需要的环境

1. 温度

温度是肉仔鸡正常生长发育的首要条件，温度过低，雏鸡生长发育受阻，且易诱发白痢、腹水综合征等疾病，造成较高的死亡率；温度过高，影响雏鸡正常的新陈代谢，雏鸡呼吸急促，食欲减退，活动减少，极易造成脱水死亡，或者抵抗力下降，生长发育缓慢，并且容易感冒和感染呼吸道疾病。

肉用仔鸡的供温标准可掌握在 1～2 日龄 35～33℃，以后每天降低 0.5℃左右，或每周降低 2～3℃，从第五周龄开始维持在 21～23℃即可（表 4－1）。但应注意饲养后期不能偏高，否则会影响采食量而使生长速度变慢和增加死亡数，胴体等级也下降。

表 4－1　肉仔鸡所需温度

周龄	育雏器温度（℃）	舍内温度（℃）
1～3 天	35～33	24～27
4～7 天	31～33	24～25
2	32～29	21～24
3	26～29	18～21
4	24～26	16～18
5 周龄及以后	20～23	16

2. 湿度

肉仔鸡适宜的湿度范围：第一周龄 65%～70%，第二周龄 60%～65%，三周龄之后 55%～60%。

3. 通风换气

通风能够提供足够的氧气，排出舍内有害气体，调节温湿度（排出多余的水气，尤其是后期舍内会较潮湿），有利于控制疾病的发生。通风时，切忌贼风和穿堂风。

4. 光照

（1）光照时间　肉仔鸡可采用前 2 天 24 小时光照，以后 23 小时光照，1 小时黑暗，以防突然停电时受惊、堆缩在一起，造成窒息死亡，也可采用 24 小时光照。密闭鸡舍前 2 天 24 小时光照，以后可采取间歇式光照（1~2 小时光照，2~4 小时黑暗）。

（2）光照强度　在 3~4 日龄内采用较高强度的光照，有助于雏鸡进食和饮水，此后逐渐降低。光照强度按白炽灯鸡舍大致为：1~7 日龄 2.5~3W/m²，7~14 日龄 1.5~2.0W/m²，14 日龄之后 1~1.5W/m²，要求整个鸡舍照度均匀，至少每周清洁一次灯泡。使用节能灯时以暖光饲养效果较好，功率一般为 7~18 瓦。

5. 密度

一般地面平养 0~2 周龄每平米 40~25 只，3~5 周龄 20~18 只，6~8 周龄 8~12 只，网上平养比地面平养可增加 50%，笼养比地面平养增加约 1 倍（表 4-2）。初期每 100 只鸡 1 个饲料盘，之后每只鸡槽位约 5cm，每 100 只鸡 2 个圆形料桶。前 2 周每 100 只鸡 1~2 个 4L 的真空饮水器；之后每只鸡 2cm 的水槽位置或每 12 只鸡一个塔形自动饮水器，使用乳头饮水器每 8~12 只鸡 1 个乳头，1m 4 个或 3 个乳头。

表 4-2　快大型肉鸡的饲养密度

日龄	体重（kg）	地面平养（只/m²）	网上平养（只/m²）
35	1.4	14	18
40	1.8	11	14
43	2.1	9.5	12
49	2.4	8.5	10
56	2.8	7	9

（四）防治疾病

在肉鸡养殖中合理使用预防性药物、做好免疫是控制疾病发生、保证养殖成功非常重要的环节。

1. 免疫接种

选择合适的疫苗，制定适于当地的免疫程序，肉仔鸡免疫程序示例见表4－3。

表4－3　肉仔鸡免疫程序示例

日龄	防治的疾病	使用疫苗	使用方法
7	新城疫、传支	新城疫-传支二联多价	滴鼻点眼
10～12	新城疫、流感 鸡痘	新流二联疫苗 鸡痘	注射，0.3mL/只 刺种，夏秋季做
14	法氏囊	法氏囊 B87	2 倍饮水
21	新城疫	新城疫 IV	2 倍饮水
28	法氏囊	法氏囊 B87	2 倍饮水

2. 预防性投药

根据当地疫病流行情况，及本场以往疫病发生情况，合理选择药物预防疾病，是保证肉仔鸡养殖成功必不可少的措施。选择药物时，要特别注意药物的休药期。

3. 卫生管理

① 实行全进全出的饲养制度。即同一栋鸡舍在同一时期内，只饲养同一日龄的鸡，又在同一天全部出场。

② 鸡舍及鸡场门口设消毒池，并注意鸡舍及周围环境定期消毒，进入场区的车辆要进行消毒。

③ 鸡场人员不进入其他鸡舍，鸡舍用具也不可交叉使用。

（五）其他管理

1. 每日观察鸡群，做好记录

每日记录饲料消耗数量、鸡群的健康状况、疫苗接种、投药、死淘数量等，每周记录耗料总量、体重、死淘数量、成活率等。

2. 夏季防暑

肉鸡生长迅速，需氧量大，采食量高，体内脂肪蓄积多，因此夏季更应注意防暑降温，以免增加死亡率。主要措施有开启风机、水帘，加强通风，饲料或饮水中添加防暑药物，如维生素C 等。

3. 出场

生长良好的肉鸡，出场送宰后也未必都能加工成优等的屠体。据调查，肉鸡屠体等级下降有 50% 左右是因碰伤造成的，而 80% 的碰伤是发生在肉鸡运至屠宰场过程中发生的。所以肉鸡出场时尽可能防止碰伤。此外，还应在出场前 4~6 小时使鸡吃光饲料，撤除饲槽、饮水器等饲养用具，屠宰前停食 8~10 小时。

4. 鸡场与死鸡的清理

肉仔鸡出栏后，鸡舍和全部设施彻底消毒后，空舍一段时间后方可再次使用。饲养期间做好用料计划，本批次剩料一般不留作下批使用。死鸡是传染疾病的根源，因此必须将死鸡深埋或焚烧，深埋应在距鸡舍 50m 之外的下风处挖一深坑掩埋。

第二节　优质肉鸡生产

一、黄麻羽肉鸡的生长发育特点

（一）体重增长特点

三黄与麻羽肉鸡每周的绝对增重随周龄的增大而增加，至 6 周龄时达到峰值，7 周龄后开始下降。而从相对生长速率即生长强度上分析，以第一周的增重率为最高，以后则随周龄增大而缓慢降低，7周龄时急速下降，这说明三黄与麻羽肉鸡早期的生长发育非常旺盛。

因此，在生产上应抓住早期（5周龄前）这一快速生长期，制定相应的营养水平及管理措施，以保证全期增重达到理想水平。而后期由于增重速度相对较慢，可适当降低日粮营养水平。

（二）饲料转化率特点

在不同周龄内，肉鸡饲料转化率也不一致。三黄与麻羽肉鸡早期的生长发育速度快，物质代谢旺盛，体组织中以肌肉生长和蛋白质的积累为主；后期体组织中脂肪沉积加快，饲料中较多的能量和部分蛋白质都转化为体脂，从而降低了饲料利用率。因此，综合考虑肉鸡的体重和饲料转化率等因素，掌握适宜的肉鸡上市时机，在生产实践中也是至关重要的。

二、黄麻羽肉鸡的饲养方式

除厚垫料地面平养、网上平养、笼养外，黄麻羽肉鸡还可采用脱温后放牧饲养的方式，即前期采用其他方式饲养，至脱温后改为放牧饲养。放牧饲养可选择果园、林地、草场、山坡等一切可以利用的地方进行，在放牧中鸡不仅吃到大量青绿饲料、昆虫和草籽等营养物质，节约饲料，而且通过放牧运动，增强体质，提高抗病力。同时，放牧饲养的鸡，羽毛光亮，鸡冠红润，改善了鸡肉的品质，达到色香味俱全。

三、黄麻羽肉鸡的育雏

（一）饲养的基本条件

黄麻羽肉鸡对饲养面积、喂料器、饮水器、加温器、喷雾器和围栏的要求见表4-4。

表 4-4　黄麻羽肉鸡饲养的基本条件

基本条件	具体要求	
	育雏期（0~4 周龄）	育肥期（5 周以上）
饲养面积	每平米养 25~50 只	每平米养 20~10 只
喂料器	每只开食盘可养 100 只 每只 5kg 料桶可养 60 只 每米食槽可养 60 只	每只 10kg 料桶可养 70 只 每米食槽可养 40 只
饮水器	每只 4.5L 饮水器可供 100 只 雏鸡饮用	每只 8L 饮水器可供 130 只雏 鸡饮用
加温器	每台保姆伞可养 500 只 每台煤炉可养 1 000 只	
围栏	每 8m 围栏可养 500 只，高度 45~50cm	
喷雾器	每栋鸡舍 1~2 台	

（二）雏鸡的管理

1. 施温与脱温

鸡舍应在进雏鸡前 24 小时升温，理想的舍温应在 25~27℃。冬季温度不易升高，但至少不低于 22℃。第一天应使育雏器内温度达到 35℃，在以后的饲养中，育雏器温度应为：第一周 33℃，第二周 30℃，第三周 27℃，第四周 23℃（表 4-5）。

表 4-5　黄麻羽肉鸡育雏施温表　　　　　（单位:℃）

日龄	育雏器内温度	育雏舍温度	日龄	育雏器内温度	育雏舍温度
1	35	25~29	8	32	25~27
2	34	25~29	9	32	25~27
3	34	25~28	10	31	25~26
4	34	25~28	11	31	25~26
5	33	25~28	12	30	25~26
6	33	25~27	13	30	25
7	33	25~27	14	29	24

（续表）

日龄	育雏器内温度	育雏舍温度	日龄	育雏器内温度	育雏舍温度
15	29	24	20	27	24
16	28	24	21	25	23
17	28	24	22	25	23
18	27	24	23	25	23
19	27	24	24	23	23

脱温时，要逐步进行，方法参照蛋雏鸡进行。

2. 光照

光照时间一般是前 2 天 24 小时光照，3 日龄后采取不同方案，一般 23 小时光照，1 小时黑暗。有的采用 1~2 小时光照，2~4 小时黑暗。还有一种方法是第二周以后实行晚上间断照明，即开灯喂料，采食后熄灯。黄麻羽肉鸡的光照强度见表 4-6。

表 4-6 黄麻羽肉鸡的光照强度

日龄	光照强度（W/m²）
1 日龄	6~8
2~7 日龄	逐渐降至 4~6
7 日龄至结束	2

3. 通风换气

随着体重增大，呼吸量明显增加，因此，应根据气温与仔鸡的周龄和体重，不断调整舍内的通风量。

4. 湿度

第一周相对湿度应为 70%~75%，第二周为 65%，3 周以后保持在 55%~60% 即可，以舍内干燥为好。

5. 密度

密度应根据禽舍的结构、通风条件、饲养管理条件及品种而定。随着雏鸡的日龄增长，每只鸡所占的地面面积也应增加，具体密度可参考表4-7。在鸡舍设施情况许可时，可尽量降低饲养密度，这有利于采食、饮水和肉鸡发育，从而提高其整齐度。

表4-7　饲养密度对照

地面平养		立体笼养	
日龄	密度（只/m²）	周龄	密度（只/m²）
1~14	40~25	0~1	50~60
15~21	25~16	1~3	30~35
22~49	16~13	3~6	20~25

在注意密度的同时，需考虑到鸡群的大小，一般每群的数量不要太大，小群饲养效果好，现代化养鸡一般群体大小为2 500~3 000只。当然，这与管理能力和饲养设备有关，应视情况而定。

6. 断喙

黄麻羽肉鸡活泼好动，喜追逐打斗，特别容易引起啄癖。啄癖不仅会引起鸡的死亡，而且影响鸡上市时的商品外观，给养殖者带来很大的经济损失。为降低啄癖带来的损失，可对鸡只进行断喙。黄麻羽肉鸡的断喙多在雏鸡阶段进行，一般6~9日龄，方法与注意事项参照蛋雏鸡进行。

四、黄麻羽肉鸡的育肥

通常把肉鸡育雏结束后至上市的这段饲养管理称之为育肥。所谓育肥就是利用这个阶段生长发育快的特性，通过适当提高饲粮的能量和其他营养物质的水平，设法增加鸡只的采食量，满足生长的最大营养需要量，并配合其他综合管理措施。使肉鸡个体达到最大的上市体重，以实现最大的经济效益。

（一）育肥期的饲养

1. 调整饲料营养

黄麻羽肉鸡中期发育快，长肉多，日采食量增加，需获取的蛋白质营养较多；后期能量需要明显高于前期，而蛋白质需要较前期降低，所以后期宜使用高能量饲料。根据其营养需要特点，日粮通常分为三阶段或二阶段。每次换料时，要逐步进行，切忌突然换料，以使鸡只逐步适应，过渡期 5～7 天。

2. 尽量采用颗粒饲料

3. 增加采食量

黄麻羽肉鸡的饲养通常实行自由采食，这样才能保持较大采食量，增加其营养摄入量，达到最快的生长速度，提高饲料转化率。增加采食量的方法主要有以下几项。

① 增加饲喂次数。饲喂粉料每昼夜不少于 6 次，喂颗粒不少于 4 次，这样可以刺激食欲。

② 提供充足的采食位置。食槽或料桶的数量要充足，分布要均匀。

③ 高温季节，可将喂料改在凌晨或夜间进行，并供给足量的清凉饮水。

4. 供给充足、卫生的饮水

肉鸡的饮水量约为采食量的 2 倍，一般以自由饮水 24 小时不断水为宜。为使所有鸡只都能充分饮水，饮水器的数量要充足且分布均匀，不可把饮水器放在角落，要使鸡只在 1～2m 的活动范围内便能饮到水。

（二）育肥期的管理

1. 防止垫料潮湿

保持垫料干燥松软是地面平养中、后期管理的重要一环。潮湿、板结的垫料，常常会使鸡只腹部受冷，并引起各种病菌和球虫的繁殖滋生，使鸡群发病。定期翻动或除去潮湿、板结的垫料，补充清洁、干燥的垫料，保持垫料厚度 7～10cm。

2. 带鸡消毒

一般 2～3 周龄便可开始，春、秋季可每 3 天一次，夏季每天一次，冬季每周一次。

3. 及时分群

随着鸡只日龄的增长，要及时进行分群，以调整饲养密度。黄麻羽肉鸡中、后期的饲养密度一般为 10～15 只/m²。在调整密度时，还应进行大小、强弱分群，同时还应及时更换或添加食槽。

（三）高温季节的特殊管理

高温对肉鸡的生长极为不利，表现为生长缓慢，甚至中暑死亡。为提高夏季鸡只的成活率和生长速度，可采取清晨喂料、调整饲料配方、加大通风量、降低饲养密度、供给清凉饮水、添加解暑药物等方法。

（四）出售前的管理

出售、屠宰前应停喂饲料。准备出售的鸡，要在出售前 6～8 小时停料，防止屠宰时消化器官残留物过多，使产品受到污染。已装笼的肉鸡要注意通风。

夏季出栏的鸡群需注意防暑。为防止烈日暴晒，要在上午 8：00～9：00 前运至销售地点，不让阳光直射到鸡的头部。也可以在运前向鸡体喷水，中途停车时间不要过长。

笼子、用具等回场后须经过消毒处理后才能进鸡舍，以免带进病原体。

除上述介绍的饲养管理的要求之外，在疾病的预防以及其他管理与肉仔鸡的大同小异，如采用全进全出制饲养、公母分群饲养等，可以参照执行。

第三节　肉种鸡生产

一、肉用种鸡的饲养目标

（一）体重适宜

肉用种鸡生长速度快，沉积脂肪能力强，所以在饲养上必须保持适宜的体重，以防体重过大、脂肪沉积过多引起产蛋率和受精率降低。一个理想的肉用种鸡群必须是群体体重和标准相符，个体差异不超过标准体重±10%的范围，同时各周龄的增重速度要均衡。

（二）整齐度高

整齐度：符合标准体重平均数±10%的鸡数占样本称重鸡数的百分数。肉用种鸡各时期整齐度的标准见表4-8。

鸡群的整齐度和产蛋率密切相关，整齐度每增减3%，平均每只鸡每年产蛋量增减4枚。良好的鸡群整齐度应该在80%以上。

表4-8　肉用种鸡各时期整齐度的标准

周龄	体重在平均体重±10% 范围内的鸡只百分数（%）
4~6	80~85
7~11	75~80
12~15	75~80
20以上	80~85

（三）适时开产

肉用种鸡性成熟较早，体成熟相对较晚。开产早往往产小蛋数量多，整个产蛋期产蛋数量少，而开产晚产蛋率低，蛋过大，合格率下降。因此肉用种鸡应尽量保持体成熟和性成熟一致，适时开产。一般以24周龄左右见蛋，27~28周龄开产，30~32周龄达到高峰比较合适。

（四）种蛋品质高

重视鸡群中公母比例适当，公鸡健康、强壮、配种能力强，营养满足种蛋生产需要；母鸡体重符合标准要求，种蛋清洁无污染。青年公鸡，自然交配可按 1：12 配置，人工授精按 1：40 配置；公鸡日龄偏大时，按自然交配时公母比例 1：10、人工授精 1：30 配置公鸡。

二、肉用种母鸡的限制饲养

（一）育成阶段限制饲养的目的

肉用种鸡生长速度快，采食量大，沉积脂肪能力强，故不能任其自由采食，必须实行限制饲养，简称限饲。其目的是控制种鸡体重，使其符合标准要求；延缓种鸡性成熟期，使母鸡适时开产，提高种用价值。限制饲养可使种鸡腹部脂肪沉积量减少 20%～30%，提高产蛋期存活率，并可节省 10%～15% 的饲料，降低饲养成本。

（二）限饲方法分类

1. 每日限饲法

每天喂给鸡只一定量饲料，或规定饲喂次数和采食时间。此法对鸡应激较小，适用于幼雏转入育成期前 2～4 周（即 3～6 周龄）和育成鸡转入产蛋鸡舍前 3～4 周（20～24 周龄）时，同时也适用于高速喂料机械。

2. 隔日限饲法

把两天的饲料量合在一起，一天饲喂，一天停喂。此法限饲强度较大，适用于生长速度较快，体重难以控制的阶段，如 7～11 周龄。另外，体重超标的鸡群，特别是公鸡也可使用此法。但是要注意两天的饲料量的总和不能超过高峰期用料量或不超过 120g。同时应于停喂日限制饮水，防止鸡群在空腹情况下饮水过多。

此法是较好的限喂方法，它可以降低竞争料槽的影响，从而得到符合目标体重且整齐度较高的群体。如果每日喂给的饲料很快被吃完，则仅仅是那些最霸道的鸡能吃饱，其余鸡采食不足，结果鸡群整齐度差。而 1 次喂给 2 天的限喂量，所有鸡都有机会吃到饲料。

3. 每周限饲（5/2）法

即每周喂 5 天，停 2 天，一般是周日、周三停喂。喂料日的喂料量是将 1 周中限喂的饲料量均衡地分作 5 天喂给（即将 1 天的限喂量乘以 7 除以 5 即得）。此法限饲强度较小，一般用于 12～19 周龄。

4. 4/3 限饲法和 6/1 限饲法

前者是每周喂 4 天，停 3 天，不能连续停喂 2 天及以上，也就是说 1 周的安排应该是 1 天喂料与 1 天停料间隔进行，其喂料日的喂料量是将 1 周中限喂的饲料量均衡地分作 4 天喂给（即将 1 天的喂料量乘以 7 除以 4 即得）。后者是每周喂 6 天，停 1 天。

以上限饲方式都会引起应激，但其激烈程度不同，一般认为隔日限饲的应激程度最激烈，以其为 100% 计，其他限饲方式的应激程度相应为：4/3 限饲法为 88%，每周两天限饲法为 70%，6/1 限饲法为 58.5%，而每日限饲法的应激程度仅为 50%。高强度的限饲方式只有在非常必要的阶段才施行。例如，肉用种鸡在 7～12 周龄期间是其整个育成期体重增加较快的时期，如果管理不当，就可能造成超重或大小不均而影响群体的均匀度，因此，种鸡公司一般都建议在 7～12 周龄期间采用隔日限饲法或者是 4/3 限饲法，这主要是依体重增长的控制强度而定。

（三）育雏、育成期

通过对后备鸡限饲，使体成熟和性成熟尽量步调一致，各阶段饲养要点如下。

1. 1~3 周龄

饲喂全价雏鸡料（颗粒料比粉料好）。1~2 周内自由采食，少喂勤添，刺激食欲。7~14 日龄，应达到或超过标准体重，如达不到，可适当延迟恒定光照时数的日龄。此阶段决定着鸡只的骨架发育，只有骨架发育良好，才有优良的生产性能。当每日每只耗料达 27~30g 时，开始每日限饲。

2. 4~6 周龄

此阶段对所有的鸡逐只称重，通过分栏控制均匀度。第 4 周中或末换为育成料。4 周龄末母雏跖长 64mm 以上，6 周龄时按体重大小分群，采用每日限饲法抑制其快速生长。

3. 7~14 周龄

研究表明，此阶段限饲，能提高鸡群的繁殖性能。为保证骨骼发育健全，减少脂肪沉积，应采取隔日限饲或 4/3 法限饲生长期料，严格控制生长速度。使体重沿标准生长曲线的下限上升到 15 周龄。12 周龄时，必须按大小调整鸡群。

4. 15~19 周龄

此阶段骨骼的生长基本完成，且具备了强健的肌肉和内脏器官。在 16 周龄再次按体重大小调整鸡群，促进整齐度。16 周龄性腺开始发育，18 周龄后卵泡快速生长。此阶段采用 5/2 法限饲，自 18 周龄开始将育成料换成育产料，增加营养，满足生长发育需要。如 18 周龄没能达到标准体重，可将于 23 周龄时才实行的每日限饲提前进行，并将光照刺激延迟到 22~23 周龄。

5. 20~23 周龄

逐步采用 6/1 限饲法，自 23 周龄后逐步过渡到每日限饲，同时逐步换为种鸡产蛋料。开产前 4 周（23 周产蛋率可达 5%），第一次增加光照，如 4~18 周龄期间给予恒定光照 8 小时，光照强度采用 15W 的灯泡，19 周龄光照延长到 14 小时，灯泡换成 60W。

（四）产蛋期

1. 20~40周龄

19~20周时，根据体重状况确定饲料量的增减。如果体重达到标准，但仍未见蛋，应增加喂料量3%~5%。后备种鸡多在严格的限饲条件下生长，自20周龄起，每日摄入的营养物质必须提高。从23周龄起，每日定量给料，为以后的产蛋做准备。自27周起，饲喂高峰期料量。高峰期的长短和给料量有着很大的关系，可采取在母鸡每天最大采食量的基础上，每周2~3次多加2%~5%的饲料，全天的料量最好在早上一次投给，切忌分次喂料，以防抢食和饥饱不匀。

2. 40~68周龄

40周龄以后，机体肌肉的生长已基本结束，体重的生长主要是脂肪的沉积。同时，产蛋率处于下降趋势，每周大约下降1%。为了延缓产蛋率下降的速度，减少不必要的脂肪沉积，此时应该减少饲喂量。产蛋率每下降1%，每只鸡喂料量减少0.6g。而且只有等产蛋率下降以后，才能减料。每只鸡每次减料量不多于2.3g。也可以从50周龄开始，降低日粮的营养水平。

三、肉用种公鸡的限制饲养

种蛋孵化率的高低在一定程度上取决于种公鸡的受精能力。体格良好、用于配种的种公鸡，要求具有适宜的体重，活泼的气质，适时性成熟，跖长在140mm以上。配种期公鸡体重的大致标准见表4-9。

表4-9　配种期公鸡体重的大致标准　　　　　（单位：kg）

周龄	体重	周龄	体重
20	2.54	40	4.14
24	3.36	50	4.32
30	3.86	60	4.4

（一）0～6周龄

此期是骨骼肌肉的生长发育期，应任其生长潜力充分发挥。在饲料供给上，粗蛋白质含量应在18%以上，当公雏累计每只吃进1 000g饲料时改成育成料。0～3周时可采取自由采食的方法，3周末达到体重后可采取与母雏相同的限饲程序。

（二）7～13周龄

此阶段应减缓其生长速度，饲料为营养水平较低的育成料，并采用4/3或5/2限饲。

（三）14～23周龄

此阶段是性器官发育的重要时期，为使性器官得到充分发育，限饲措施可略放松，由4/3限饲改为5/2限饲或隔日限饲。自18周龄开始，必须增加饲料营养，由育成料逐步换为产蛋前期料。20周龄时必须进行选种，自由交配的公母混群。24周龄后，降低饲料营养，饲喂种公鸡料。

（四）营养需要

见表4－10。

表4－10　肉用种鸡种用期间营养标准参考

营养成分	种公鸡	种母鸡
代谢能（MJ/kg）	11.74	12.22
粗蛋白质（%）	12.0	16.3
蛋白能量比（g/kg）	10.23	13.34
脂肪（%）	3.2	3.5
粗纤维（%）	6.35	3.5
钙（%）	0.95	3.1
有效磷（%）	0.4	0.4

四、肉用种鸡的日常管理

（一）光照

光照、体重、营养是控制肉用种鸡生殖器官发育的重要因素。光照合理，则适时开产，产蛋率高，反之提前或推迟开产，产蛋率、受精率低。光照的原则是，育成期每天光照时间不能延长，产蛋期不能缩短（表4-11）。

表4-11　某父母代肉用种鸡光照程序（仅供参考）

鸡龄	光照时间（小时）	鸡龄	光照时间（小时）
1~2日龄	24	19周龄	8
1周龄	16	20~22周龄	11
2周龄	12	23~24周龄	12
3周龄	9	25周龄	13
4周龄	7	26周龄	14
5~17周龄	5	27~37周龄	15
18周龄	5	38周龄以上	保持16或17

（二）限水

限饲会引起过量饮水，容易将垫料弄湿，所以要限制供水。正常气温下，料水比为1:2，在鸡群发病或炎热季节不能限水，限水方法如下。

1. 喂料日限水

每天给水4次，第1次在早晨喂料前半小时给水，一直到料吃完后1小时；第2次在上午10:00；第3次在中午1:00；第4次在熄灯前半小时。从第2~4次，在饮水供应充足的情况下，每次喂水时间10~15分钟。

2. 停料日喂水

第1次在开灯后喂水1小时；第2次到第4次限水方法同喂

料日，夏季高温时灵活掌握。

（三）适宜的密度和足量的饲具

饲养密度高，不仅影响空气质量，也影响垫料质量，易出现健康问题。适宜的饲养密度和足量的饲具是保证饲喂效果的重要条件。限饲时的饲养密度与条件见表4－12。

表4－12　限饲时的饲养密度与条件

类型		饲养密度		采食槽位		饮水槽位			
		垫料平养（只/m²）	1/3垫料，2/3栅栏（只/m²）	长食槽单侧（cm/只）	直径40cm料桶（个/100只）	长水槽（cm/只）	乳头饮水器（个/100只）	饮水杯（个/100只）	圆饮水器（直径35cm，个/100只）
种母鸡	矮小型	4.8~6.3	5.3~7.5	12.5	6	2.2	11	8	1.3
	普通型	3.6~5.4	4.7~6.1	15.0	8	2.5	12	9	1.6
种公鸡		2.7	3~5.4	21.0	10	3.2	13	10	2.0

（四）提供适宜的生产环境

种鸡舍的环境要求：温度适宜，地面干燥，空气新鲜，环境安静。具体要求同蛋鸡舍。

（五）正确断喙、断趾

为防止啄癖和节约饲料，肉用种鸡也必须断喙，具体操作同蛋鸡。

非人工授精条件下，为预防种公鸡交配时伤害母鸡，应对其进行断趾，即在雏鸡阶段断去种公鸡的第一趾和距的尖端。断趾可与断喙同时进行，断趾还可用于品系识别。

（六）定期卫生免疫

（七）管理措施的改变要逐渐进行，避免鸡群出现应激

第五章　家禽饲料配合

第一节　饲料原料的概念与分类

一、饲料原料的概念

在合理饲喂条件下，能为动物提供营养物质，调控生理机制，改善动物产品品质，且不发生有毒有害作用的一切物质都可以作为饲料原料。

二、饲料原料的分类

（一）国际饲料分类法

根据饲料的营养特性将饲料分为 8 类，分别是：粗饲料、青绿饲料、青贮饲料、能量饲料、蛋白质补充料、矿物质饲料、维生素饲料、饲料添加剂（表 5 - 1）。

表 5 - 1　国际饲料分类依据原则

饲料类别	饲料编码*	划分饲料类别依据（%）		
		水分（自然含水）	粗纤维（干物质）	粗蛋白质（干物质）
粗饲料	1—00—000	<45	≥18	
青绿饲料	2—00—000	≥45	—	
青贮饲料	3—00—000	≥45	—	
能量饲料	4—00—000	<45	<18	<20
蛋白质补充料	5—00—000	<45	<18	≥20

（续表）

饲料类别	饲料编码 *	划分饲料类别依据（%）		
		水分（自然含水）	粗纤维（干物质）	粗蛋白质（干物质）
矿物质	6—00—000	—	—	
维生素	7—00—000	—	—	
饲料添加剂	8—00—000	—	—	

说明：饲料编码中首位数代表饲料归属的类别，后 5 位数则按饲料的重要属性给定编码。

（二）我国饲料分类法和编码系统

我国现行饲料分类是根据传统饲料分类法与国际饲料分类法相结合的原则，将现有的饲料分为 8 大类，16 亚类，两者结合，可能出现共 37 类。

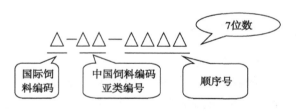

我国传统饲料分类习惯分为 16 个亚类。

01 青绿植物　　　　02 树叶类　　　　　03 青贮饲料类

04 根茎瓜果类　　　05 干草类　　　　　06 藁秕农副产品类

07 谷实类　　　　　08 糠麸类　　　　　09 豆类

10 饼粕类　　　　　11 糟渣类　　　　　12 草籽树实类

13 动物性饲料类　　14 矿物性饲料类　　15 维生素饲料类

16 添加剂及其他

第二节 家禽常用的饲料原料

一、能量饲料

以干物质计，粗蛋白（CP）含量低于20%，粗纤维（CF）含量低于18%，每千克干物质含有消化能10.46MJ以上的一类饲料即为能量饲料，而高于12.55MJ/kg的则称为高能量饲料。主要包括谷实类，糠麸类，块根、块茎、瓜果类和其他类（油脂、糖蜜、乳清粉等）。其特点是在日粮中占的比例大，50%～70%；消化能高，一般能量饲料干物质含消化能都在10.46MJ/kg以上，为动物供能；富含无氮浸出物，为干物质的71.6%～80.3%（燕麦除外66%），而且其中主要是淀粉；粗纤维含量低，一般在5%以内；蛋白质含量低，为10%左右，且品质不佳，氨基酸组成不平衡，缺乏赖氨酸和蛋氨酸等；脂肪含量少，一般为2%～5%且以不饱和脂肪酸为主；矿物质中钙、磷比例极不符合畜禽需要，钙的含量在0.2%以下，而磷的含量在0.31%～0.45%，且磷多以植酸盐形式存在，这样的钙、磷比例对任何家畜都是不适宜的；维生素方面，谷实饲料富含维生素E、维生素B_1，但维生素B_2、维生素C、维生素D缺乏。黄色玉米维生素A原较为丰富，其他谷实饲料含量极微。

（一）谷实类饲料

谷实类饲料是禾本科作物的籽实的统称。它富含无氮浸出物，以淀粉为主，消化率高；粗纤维（CF）含量低，小于5%；蛋白质含量低，氨基酸组成不平衡，缺乏蛋氨酸、赖氨酸；脂肪含量少，2%～5%，脂肪酸多为不饱和脂肪酸；钙磷比例不合适；富含维生素E，维生素B_1，其他维生素缺乏。

1. 玉米

玉米也叫苞谷、苞米等，在我国种植面积大、产量高，仅次于水稻和小麦，占第三位。

（1）营养特点

① 玉米能量水平高，是我国主要的能量饲料，被称为"饲料之王"。

② 无氮浸出物含量高，74%～80%，且主要是易消化的淀粉，其消化率可达90%以上。粗纤维含量低，约2%。

③ 蛋白质含量低，一般为7.2%～8.9%，且品质差，其中赖氨酸、蛋氨酸缺乏。

④ 粗脂肪含量高，一般为3.5%～4.5%，是小麦或大麦的2倍。不饱和脂肪酸含量高，其中主要是油酸和亚油酸，亚油酸含量达2%，为谷实类之首。故玉米粉碎后易酸败变质，且易被霉菌污染，而产生黄曲霉毒素。

⑤ 矿物质中钙少（0.02%）、磷多（0.25%），利用率低。

⑥ 维生素E多，胡萝卜素含量高（黄玉米），叶黄素等色素多，对鸡的皮肤、脚、喙等以及蛋黄的着色有良好的效果。维生素 B_1 多，其他B族维生素少，维生素D与维生素K几乎没有。

（2）玉米的品质鉴定方法

① 正常感官特性。籽粒整齐均匀，色泽呈现黄色或白色，无霉味、酸味和杀虫剂残留。

② 视觉检验法。水分高的籽粒粒形膨胀，整个籽粒光泽性强。

③ 触觉鉴定法。用手指触摸，通过手对籽粒捻、压、捏等来感觉软、硬，如籽粒较硬，则水分小，反之水分大。

④ 玉米齿碎鉴定法。将样品放入口中，用牙齿咬碎，根据破碎程度、牙齿感觉和发出声音高低，判断粮食水分大小。

（3）玉米的饲用价值

① 玉米是家禽良好的能量饲料，用量大，在家禽饲料中的用量可达50%～60%。此外黄玉米的色素是家禽喙、皮肤、蛋

黄等色素的重要来源，玉米作为家禽饲料不应粉碎得过细，宜磨碎或破碎。

② 应用玉米时，新鲜的玉米含水量高，应晒至含水量14%以下，否则易腐败、酸败，尤其是在粉碎状态下。因此，应保持干燥，以原粮贮存，用时粉碎。

③ 玉米籽实经粉碎后，由于失去了防止水分进出的保护层（种皮），很容易吸水、结块、发热和污染霉菌，所以粉碎后不能久存。在高温高湿环境中更易变质。在给家禽配料时应注意玉米的品质，可适当加入防霉剂，防止黄曲霉污染。

2. 小麦

小麦是我国的主要粮食之一，它含有淀粉、蛋白质、糖类、脂肪、B族维生素、卵磷脂、精氨酸及多种酶类，营养价值极高。

（1）营养特点

① 小麦的有效能值（鸡12.7MJ/kg）略低于玉米，比大麦和燕麦高，主要是脂肪低，其脂肪的含量是玉米含量的一半。

② 粗蛋白质含量高，一般达12%以上，是玉米的1.5倍。必需氨基酸尤其是赖氨酸不足，但优于玉米（赖氨酸0.67%），苏氨酸相对不足。

③ 钙少磷多，铁、铜、锰、锌较玉米高。

④ 非淀粉多糖（NSP）含量高达6%，不能被单胃动物消化，影响消化率。

（2）小麦在鸡饲料中的应用　小麦作为能量饲料，其能值低于玉米，如果鸡的日粮中用小麦全代替玉米，鸡的生产性能会下降，以取代量为1/3~1/2为好。小麦粉碎太细会引起粘嘴现象，降低适口性。

① 肉鸡。在肉鸡中后期饲料中用小麦替代玉米的15%~20%而不添加酶制剂，在饲养上是安全的，对肉鸡的生产性能不

会造成显著影响。而对肉鸡前期饲料，在不使用酶制剂的情况下，小麦替代玉米的比例应限制在 15% 以下。另外，可在肉鸡饲料中直接使用 15% 以下的整粒小麦喂鸡，不会对肉鸡的生产性能有显著影响。

② 蛋鸡。在蛋鸡配合饲料中使用 20% 玉米、略多于 40% 的小麦，效果比较好（当然需添加小麦酶制剂），蛋黄、蛋壳颜色基本不变。

小麦替代玉米，要逐渐添加，过渡时间 10 天左右为宜，否则会导致短期内蛋壳颜色变浅。其原因在于突然换料后短期内胃肠道对小麦的整体消化降低，导致代谢机能紊乱，因而蛋壳颜色变浅。若采取逐渐换料的，基本可以克服蛋壳颜色变浅的问题。

3. 高粱

高粱是最耐旱的禾谷类作物之一，美国是世界上最大的饲用高粱生产国，其次是印度和尼日利亚。高粱是非洲的一种重要谷类作物，是印度的一种重要的食品来源。

（1）高粱的营养特点

① 去壳后主要成分是淀粉，淀粉含量与玉米相似，占 70% 左右，粗纤维含量少，可消化养分高，但消化率低于玉米。

② 粗蛋白（8.7%）消化率低于玉米蛋白。赖氨酸（0.22%）、蛋氨酸（0.08%）、精氨酸（0.32%）和酪氨酸（0.08%）缺乏。

③ 脂肪含量 2.5%~3.8%，低于玉米。

④ 钙（0.09%）少磷（0.28%）多，40%~70% 为植酸磷。

⑤ 种皮中含有单宁，涩、苦，适口性差，影响家禽的食欲和采食量。

（2）高粱在家禽饲料中的应用　高粱是一种重要的饲料原料，比玉米廉价，但饲养效果不如玉米。限制其在饲料中应用的主要原因是高粱中含有抗营养因子单宁。单宁不仅能使饲料中蛋白质变性，而且还能使各种消化酶变性失活，影响各种营养物质的消化吸收。单宁酸能与肠黏膜结合，在肠黏膜的表面形成不溶性复合物，损害肠壁，干扰矿物质元素铁、锰、镁、钼的吸收。故国家饲料质量标准中规定，肉鸡、蛋鸡的配合饲料中单宁允许含量为5g/kg，即0.5%。

① 通常含量在0.33%以下的称之为低单宁高粱，含量在0.66%的称为中单宁高粱，含量达1.57%以上的称为高单宁高粱。低单宁高粱用量可达70%，高单宁（>1.5%）高粱用量<10%。

② 高粱在家禽配合饲料中如果单宁量控制在0.2%以下，高粱以10%~20%的比例替代玉米对肉鸡和蛋鸡的饲养效果良好。

③ 高粱籽粒外包一层坚韧组织（包括表皮、果皮和糊粉粒），喂前必须磨碎，破坏这层组织，使内部营养物质与鸡消化道内的消化酶接触，提高其利用率。为了改善高粱的营养品质，可以对它进行破碎、粉碎、辗压、浸泡、蒸煮、爆裂和膨化挤压等处理。

④ 一般白色高粱不含叶黄素，着色较差，应注意与苜蓿粉、黄玉米蛋白粉等的搭配。

4. 粟

也叫"谷子"，脱壳后叫"小米"。

① 粗蛋白≥8.0%，粗纤维<8.5%，粗灰分≤3.5%。

② 对鸡饲用价值高，是玉米的95%~100%，水泡小米可作为雏鸡的开食料。

③ 富含叶黄素和胡萝卜素，对鸡皮肤、蛋黄有着色作用。

（二）糠麸类

制米副产品是糠，制面副产品是麸。

1. 营养特点

① 营养价值较其籽实低，无氮浸出物含量约为60%，低于

谷实类籽实 25% 左右，能量较低。

② 粗纤维含量高，有轻泻作用。

③ 粗蛋白高于其籽实，约 15%，赖氨酸、蛋氨酸含量较高。

④ B 族维生素较其籽实丰富。

⑤ 矿物质中钙少磷多，且磷多为植酸磷。

⑥ 容重小、体积大，可改变谷实类饲料的物理特性。

⑦ 米糠中脂肪含量高，易酸败。

⑧ 可做载体和稀释剂。

2. **主要的糠麸饲料**

（1）**麦麸（小麦麸和大麦麸）**

① 适口性好，质地蓬松，含有一定镁盐，具有轻泻作用。

② 有效能值低。

③ 麸皮吸水性强，易发霉腐败，保存时注意通风。

④ 灰分多，钙少磷多。

⑤ 粗纤维含量高，难消化，不易用作仔猪料。

⑥ 添加量：蛋鸡、种鸡 5% ～ 10%，后备种鸡、青年鸡 15% ～20%，肉鸡小于 5%。

（2）**稻糠**

砻糠：外壳或其粉碎物。

米糠：糙米精制时产生的副产品（果皮、种皮、外胚乳等）。

统糠：砻糠 + 米糠。

米糠的特点：

① 有效能高，鸡的代谢能 2.61mcal/kg（1cal = 4.1868J，全书同），属于能量饲料。

② 粗蛋白含量约为 13%，高于大米、玉米，富含赖氨酸和含硫氨基酸。

③ 富含 B 族维生素和维生素 E。

④ 铁、锌、锰含量高。

⑤ 脂肪含量高，以不饱和脂肪酸为主，易氧化酸败。

⑥ 脱脂米糠性质稳定，适合于做各种饲料添加剂的载体或稀释剂。

雏鸡日粮一般添加5%以下，生长鸡和产蛋鸡日粮中可配合5%～15%，肉鸡日粮中一般不可使用。

（三）油脂、糖蜜、乳清类

为了提高家禽日粮中的能量水平，往往在饲料中添加一些油脂。

1. 饲粮中添加油脂的好处

油脂的能值高。饲料中添加油脂，除供能外，可改善适口性，可延长饲料在消化道内停留时间，从而能提高饲料养分的消化率和吸收率；油脂可作为动物消化道内的溶剂，促进脂溶性维生素的吸收；减少热应激，因为油脂的体增热值比碳水化合物、蛋白质的热增耗值都低，所以，在高温季节给动物饲料中添加油脂，可以减轻动物的热负担；植物油、鱼油等常是动物必需脂肪酸的最好来源；添加油脂可减少粉尘的产生，一方面降低饲料养分损失及厩舍内空气的污染程度，进而降低畜禽呼吸道病的发病率，另一方面，降低加工机械的磨损程度，因而可延长机器寿命。

2. 常用油脂的种类

（1）植物油　大豆油、菜籽油、棕榈油。

（2）动物油　牛油、猪油（饱和脂肪酸）、鱼油（不饱和脂肪酸）。

（3）饲料级水解油脂　制取食物油或生产肥皂过程中所得的副产品。

（4）粉末状油脂　对油脂进行特殊处理，使其成为粉末状。这类油脂便于包装、运输、贮存和应用。

二、蛋白质饲料

蛋白质饲料在饲料分类系统中属于第五大类，是指干物质中蛋白质含量在20%以上、粗纤维含量在18%以下的饲料。

蛋白质饲料主要包括植物性蛋白质饲料、动物性蛋白质饲料、单细胞蛋白质饲料、非蛋白含氮化合物等。

（一）植物性蛋白质饲料

包括饼粕类饲料、豆科籽实及一些粮食加工副产品。

1. 豆类籽实

（1）品种　大豆（黄豆）、黑豆、豌豆、蚕豆等。

（2）特点　生喂饲用价值低，消化率低；蛋白质含量丰富，20%～30%，氨基酸组成好，赖氨酸含量高；维生素含量近似谷实类；钙少磷多，钙磷比例不合适；含多种抗营养因子，热处理可钝化。

2. 饼粕类

油料籽实提取油后的产品，用压榨法榨油剩余的产品叫"饼"，用溶剂提取油后的产品叫"粕"。

（1）豆粕和豆饼　是最主要、最优良的蛋白质饲料原料，蛋白质含量高，一般可含蛋白质42%～46%；赖氨酸含量高，2.5%～2.8%，蛋氨酸不足（玉米-豆粕型日粮中要补充蛋氨酸）；生豆饼和豆粕中含有多种抗营养因子，主要有蛋白酶抑制因子、血液凝集素等，可以通过加热处理破坏这些有害物质，但加热不当会对蛋白质产生热损伤。

（2）棉籽粕（饼）　它是提取棉籽油后的副产品，含粗蛋白32%～37%，脱去棉壳后，蛋白质含量可达41%以上，高的可达44%（完全脱壳的叫棉仁饼或粕）；产量仅次于豆粕，是一项重要的蛋白质资源；蛋氨酸含量低（0.4%），仅为菜籽饼粕的55%左右，赖氨酸含量也低（1.3%～1.5%），精氨酸含量高；含有游离棉酚，会影响家禽的健康及蛋品质，使蛋黄或蛋白变成粉红色或暗红色。在日粮中应控制用量，并对棉籽饼粕进行脱毒处理，或在饲料中加入硫酸亚铁，增加鸡对游离棉酚的耐受力。

（3）菜籽饼粕　油菜籽榨油后的副产品。可利用能值低，其粗蛋白质含量在35%左右，蛋氨酸含量较高，在饼粕类饲料中仅次于芝麻粕，居第二位；赖氨酸含量2.0%~2.5%，在饼粕类饲料中仅次于大豆饼粕，居第二位；硒含量高，磷的利用率也较高；有辛辣味，适口性差；含有硫葡萄糖苷、芥酸、异硫氰酸盐和噁唑烷硫酮等有毒成分。一般在禽饲料中限量饲喂，用量一般占日粮的5%~8%，最好脱毒后饲喂。

（4）花生饼粕　分花生带壳饼粕和去壳饼粕，其营养价值因花生壳的混入量的多少而不同。花生饼粕可利用能值高；粗蛋白质含量41%~47%，饲用价值仅次于豆饼粕；氨基酸组成不佳，赖氨酸、蛋氨酸较低，精氨酸含量高；有香味，适口性好；花生饼粕本身无毒，但易感染黄曲霉毒素，含油量高，在高温季节容易酸败，所以不宜长期贮存；同时含有抗胰蛋白酶因子，适当加热处理即可将其破坏，并提高蛋白质和氨基酸的消化率。

3. 其他植物性蛋白质饲料

（1）玉米胚芽粕　玉米胚芽脱油后的副产品，又称玉米脐子粕。颜色浅褐色，蛋白质含量13%~17%，消化能和代谢能中等，适口性好，价格低廉，适宜作鸡饲料，用量5%~10%。

（2）玉米蛋白粉　以玉米为原料，提取淀粉后的黄浆水，再经浓缩和干燥得到富含蛋白的产品；粗蛋白含量50%~60%，蛋氨酸丰富，赖氨酸、色氨酸严重不足；新鲜的玉米蛋白粉橘黄色，是有效的着色剂；在使用时应注意是否掺假，常见的掺杂物有小米粉、玉米粉、蛋白精等。

（二）动物性蛋白质饲料原料

这类饲料主要是水产品、肉类、乳和蛋品加工的副产品，还有屠宰场、皮革厂的废弃物以及蚕蛹等。其共同特点是蛋白质含量高（50%～80%），必需氨基酸齐全；矿物质含量丰富，且钙、磷比例适当；B族维生素含量高；碳水化合物特别少，不含粗纤维，因此消化率高；含有一定数量的油脂，容易酸败，影响产品质量，并容易被病原菌污染。

1. 鱼粉

（1）定义　以全鱼或鱼的加工下脚料（鱼头、尾、鳍、内脏、骨）或有少量虾蟹为原料，经干法（蒸干、脱脂、粉碎）或湿法（蒸煮、压榨、干燥、粉碎）制成的产品。鱼粉是优质的蛋白质饲料，按照加工原料不同分为全鱼粉和鱼副产品粉，质量不稳定，有进口鱼粉和国产鱼粉之说。

（2）营养特点　粗蛋白质含量高，国产的粗蛋白质含量40%～60%，优质的可达63%，进口的62%～68%；氨基酸组成合理，富含"含硫氨基酸"；碳水化合物含量少，不含粗纤维和淀粉；粗脂肪主要取决于加工工艺，一般含粗脂肪7%～10%；富含B族维生素，特别是维生素B_{12}，维生素B_2，维生素A，维生素D；钙磷含量高，比例合适，磷为有效磷，微量元素铁、锌、硒丰富，氯化钠变化大，应在2%以下；含有未知促生长因子（UGF），可以促进动物的生长。

（3）鱼粉的掺假　尿素、饼粕、糠麸、血粉、羽毛粉、食盐、沙砾等。

（4）使用鱼粉时注意问题

① 用量：各类禽饲料中鱼粉用量控制在1%～3%，根据饲喂对象不同而异，注意成本。

② 质量：注意鱼粉是否掺假、感官性状是否正常、脱脂效果及蛋白含量的高低。鱼粉带入配合饲料中的氯化钠应视为添加

的食盐。

③ 注意鱼粉的变质：易滋生沙门氏菌，变质后的鱼粉饲喂肉鸡容易造成肌胃糜烂。鱼粉变质后，产生的组胺毒性极强，易使动物中毒死亡。

2. 肉粉及肉骨粉

屠宰场或肉品加工厂的肉屑、碎肉等处理后制成的饲料叫肉粉，而以连骨肉为主要原料的则叫肉骨粉。AAFCO（美国饲料管理协会）以磷含量为标准，磷含量低于4.4%称为肉粉，磷含量高于4.4%称为肉骨粉。

其中粗蛋白质含量25%~60%，水分含量5%~10%，粗脂肪3%~10%，钙7%~20%，磷3.6%~9.5%；赖氨酸含量高，蛋氨酸、色氨酸含量低，B族维生素含量高；在贮藏时防止脂肪氧化，防止沙门氏菌和大肠杆菌污染。家禽饲料中常用。

3. 血粉

用新鲜、干净的动物血制成的一种高蛋白饲料产品，呈红褐色至褐色。其中含粗蛋白75%~85%，粗脂肪0.4%~2%，粗纤维0.5%~2%，粗灰分2%~6%，含铁多、钙磷少，（钙0.1%~1.5%，磷0.1%~0.4%）；氨基酸不平衡，赖氨酸含量高，消化率低，适口性差，用量不宜过大，通常占日粮的1%~3%。

4. 羽毛粉

（1）定义

水解羽毛粉：羽毛经净化消毒，高压蒸煮水解或酸碱处理或酶解、烘干、粉碎制成的产品，浅色羽毛的产品是金黄色，深色羽毛是褐色。

膨化羽毛粉：在水解羽毛粉的基础上进行膨化处理的产品。

（2）营养特点　粗蛋白含量高，可达80%~85%，但品质差，主要成分角蛋白，溶解性差，不易被动物消化吸收；氨基酸不平衡，赖氨酸和蛋氨酸含量低；钙磷含量低，钙 0.3%、磷 0.5%、硫含量高，可达 1.5%。

（3）饲用价值　饲用价值低，不宜单独做蛋白质补充料。鸡料中添加可防止啄羽。蛋鸡 2% 以下，肉鸡 2.5%～5%。

5. 蚕蛹粉（粕）

蚕蛹粉是蚕蛹经干燥、粉碎后的产物，粗脂肪含量≥22%。蚕蛹粕是蚕蛹脱油后的残余物，粗脂肪含量≥10%。

蚕蛹粉和蚕蛹粕的蛋白质含量都很高，分别为 55% 和 65%；两者的氨基酸含量虽因蛋白质含量的差异而不同，但在氨基酸组成上的特点是相同的，最大特点是蛋氨酸含量很高，分别为 2.2% 和 2.9%，是所有饲料中的最高者；赖氨酸含量同样也较高，约与进口鱼粉相当；色氨酸含量也较高，达 1.25%～1.5%。因此说，蚕蛹粉（粕）是平衡饲粮氨基酸组成的很好饲料。在家禽日粮中可搭配 5% 左右。

（三）单细胞蛋白质

这类饲料是利用各种微生物体制成的蛋白质饲料，包括酵母、微型藻、非病原菌、真菌等，在饲料中应用最多的是饲料酵母。

饲料酵母粗蛋白质含量 40%～50%，生物性价值介于动物蛋白和植物蛋白之间，赖氨酸含量高，蛋氨酸含量偏低，B 族维生素丰富，添加到日粮中可以改善蛋白质品质。饲料酵母味苦，适口性差，在家禽饲料中添加量不超过 5%。

三、矿物质饲料

用来补充动物体矿物质需要的饲料，包括人工合成、天然单一和多种混合的矿物质饲料以及配合有载体或赋形剂的痕量、微量、常量元素补充料。

（一）补充钙的饲料

1. 石粉（$CaCO_3$）

① 钙含量35%以上，是补钙最廉价、最方便的矿物质原料。

② 粒度中等为好，猪：26～36目（较细），禽：26～28目（较粗）。

③ 铅、汞、砷、氟的含量不超标即可。

④ 喂量：根据需要适量添加。不能过量，过量后会降低有机养分的消化率，影响青年鸡泌尿系统，出现结石，蛋鸡在蛋壳外覆有一层细粒，影响质量。

石粉可以和有机态钙搭配使用，例如石粉：贝壳粉＝1：1。

2. 贝壳粉

各种贝类的外壳（蚌壳、牡蛎壳、螺壳等）经过加工粉碎而成的粉状或粒状产品。

① 主要成分碳酸钙（$CaCO_3$），钙含量不低于33%。

② 用于蛋鸡和种鸡饲料中，蛋壳强度高，破蛋、软蛋少。

③ 形状：粉状、片状。

④ 容易掺假：经常掺入沙石、泥土等。

3. 石膏

主要成分是硫酸钙，其中钙含量20%～30%，硫含量16%～17%，既可补钙又可补硫，预防鸡的啄肛、啄羽，在日粮中的添加量为1%～2%。

（二）补充磷的饲料

1. 磷酸氢钙

在禽饲料中经常用磷酸氢钙来补充磷，磷酸氢钙是白色或灰色粉末或颗粒，磷含量16%以上，钙含量21%以上，钙和磷的利用率均较好。使用磷酸氢钙应注意氟含量不能超过0.18%，铅、砷等重金属含量不得超标。高氟磷酸氢钙影响钙和磷的代谢，导致骨软症。

2. 骨粉

以家畜骨骼为原料加工而成的，为黄褐色或灰白色粉末。

① 由于加工方法不同，钙磷含量有较大差异，总体都是钙多于磷。

② 使用骨粉作原料时，应注意氟脱毒，由于成分变化大，而且有异臭，用量逐渐增加。

③ 骨粉分为煮骨粉、蒸制骨粉、脱胶骨粉、焙烧骨粉等，优质骨粉含磷量高达 12% 以上。

④ 不经脱脂脱胶、高压灭菌的生骨粉，易腐败变质，同时携带大量病菌，用于饲料易传播疾病，此类禁用，同时喷洒农药骨粉也不能作饲料。

（三）补充钠、氯的饲料

1. 食盐

主要成分是氯化钠（NaCl），白色细粒或粉状。精盐中氯化钠含量 99% 以上，粗盐 95% 以上。食盐除了具有维持体内渗透压和酸碱平衡的作用外，还可刺激唾液分泌，提高饲料适口性，增强动物食欲，具有调味剂作用。鸡饲料中食盐的需求量为 0.37%，在饲料中可以添加 0.3%~0.5%。

2. 碳酸氢钠（$NaHCO_3$）

俗称小苏打，除用于补充钠的不足外，还是一种缓冲剂，可缓解动物的热应激，改善蛋壳的强度，在禽的日粮中使用 0.2%~0.4%。

四、饲料添加剂

是配合饲料的重要成分，添加量很小，但是作用显著，具有各种不同生物活性的特殊物质的总称，可分为营养性添加剂和非营养性添加剂。

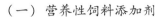

（一）营养性饲料添加剂

营养性饲料添加剂是指用于补充饲料营养成分的少量或者微量物质，包括氨基酸、维生素、矿物质元素、非蛋白氮等。

1. 氨基酸类添加剂

蛋白质营养的实质是氨基酸营养，而氨基酸营养的核心是氨基酸之间的平衡。植物性饲料的氨基酸，几乎都不平衡，即或是由不同配比天然饲料构成的全价配合饲料，尽管依据氨基酸平衡的原则配料，但它们的各种氨基酸含量和氨基酸之间的比例仍然是变化多端，各式各样的。因而，需要氨基酸添加剂来平衡或补足饲料限制性氨基酸的不足。

（1）赖氨酸 有 D 型和 L 型，家禽只能利用 L 型。配合饲料中常用的是 L-赖氨酸盐酸，在商品上标明的含量为 98.5%，指的是 L-赖氨酸和盐酸的含量，实际上扣除盐酸后，L-赖氨酸含量只有 78% 左右，因而，在使用这种添加剂时，要以 78% 的含量计算。

（2）蛋氨酸 一类是 D-蛋氨酸，另一类是 DL-蛋氨酸羟基类似物及其钙盐。目前，国内使用的蛋氨酸大部分为粉状 DL-蛋氨酸或 L-蛋氨酸。白色结晶粉末，有特殊气味，微甜。

2. 维生素添加剂

（1）维生素 A 属于脂溶性维生素，称为视黄醇或抗干眼病维生素。淡黄色粉末，不溶于水，溶于脂肪及各种脂肪溶剂，在空气中极易被氧化失活。仅存在于动物性饲料中，植物性饲料中不含维生素 A，只含其前体（维生素 A 原）——胡萝卜素。

维生素 A 的主要功能是维持正常的视觉和维持上皮组织结构的完整与健全，缺乏后动物易患"夜盲症"和"干眼病"。在家禽饲料中经常添加维生素 A 的醋酸酯和棕榈酸酯，其规格有 65 万 IU/g、50 万 IU/g、25 万 IU/g。

（2）维生素 D 属于脂溶性维生素，又称为钙化醇或抗佝偻病维生素，不溶于水，遇光、氧和酸迅速破坏，主要功能是和钙、磷代谢有关。家禽缺乏维生素 D 会使产蛋量下降，孵化率降低，蛋壳薄而脆。维生素 D 最廉价的来源是阳光照射，在家禽饲料中可以添加维生素 D 或是 AD_3 粉。

（3）维生素 E（生育酚）　脂溶性维生素，是稍有黏性的浅黄色油状物，不溶于水，溶于有机溶剂，不易被酸、碱及热破坏，极易被氧化。在商品生产上常以醋酸处理进行酯化，稳定其生物学活性。商品维生素 E 通常是 50％ 的 DL-生育酚醋酸酯，是固体粉末。

维生素 E 的生理功能主要是具有生物抗氧化作用，和硒（Se）协同保护不饱和脂肪酸，影响家禽的生殖机能。缺乏后动物会出现白肌病，种禽产蛋率、孵化率下降。雏鸡出现脑软化症、渗出性素质病。

（4）维生素 K（抗出血维生素）　是脂溶性维生素中发现最晚的一个，溶于脂肪和脂溶剂，耐热，但易被碱、强酸、光破坏。其生理功能主要是参与凝血活动，缺乏后凝血时间延长，伤口不易愈合。

（5）B 族维生素　属于水溶性维生素。

维生素 B_1（硫胺素），常见的商品为硫胺素盐酸盐、硫胺素硝酸盐，极易溶于水，微溶于乙醇，不溶于其他溶剂，对碱特别敏感，对于热稳定，但湿热环境中对热不稳定。味微苦，具有特殊香气。维生素 B_1 是许多细胞酶的辅酶，参与碳水化合物的代谢，是神经介质和细胞膜的组成成分。

维生素 B_2（核黄素），橘黄色结晶，味苦，微溶于水，极易溶于稀酸、强碱性溶液，对光、碱及重金属很敏感，易破坏。其生理功能是参与能量代谢，对碳水化合物、蛋白质和脂肪的代谢十分重要。

胆碱，纯胆碱为无色、黏滞、微鱼腥味，饲料工业上常用的是 50% 的氯化胆碱，为吸湿性极强的物质。

泛酸，其形式有两种：一是 D-泛酸钙，二为 DL-泛酸钙，只有 D-泛酸钙才具有活性。商品添加剂中，活性成分一般为 98%，也有稀释后只含有 66% 或 50% 的制剂。

烟酸，其形式有两种，一是烟酸（尼克酸），二为烟酰胺，两者的营养效用相同，但在动物体内被吸收的形式为烟酰胺。商品添加剂的活性成分含量为 98% ~99.5%。

生物素，其活性成分含量为 1% 和 2% 两种。

维生素 B_6，商品形式为盐酸吡哆醇制剂，活性成分为 98%，也有稀释为其他浓度的。

维生素 B_7（生物素），是一种含硫维生素，白色针状结晶，可溶于水，以辅酶形式参与碳水化合物、脂肪和蛋白质的代谢。

维生素 B_{11}（叶酸），橙黄色结晶粉末，无臭无味，对血细胞的形成有促进作用。

维生素 B_{12}（钴胺素），唯一含有金属元素钴（Co）的维生素，深红色（暗红色）晶体，可溶于水。参与多种代谢活动，促进红细胞形成，维持神经系统的完整。

（6）维生素 C　抗坏血酸钠、抗坏血酸钙以及被包被的抗坏血酸等。

3. 矿物质元素添加剂

常用矿物质添加剂的种类：硫酸盐类、碳酸盐类、氧化物、氯化物等。常用微量矿物质元素添加剂有：

铁	七水硫酸亚铁	含铁 20.1%
铜	五水硫酸铜	含铜 25.5%
锰	五水硫酸锰	含锰 22.8%
锌	七水硫酸锌	含锌 22.75%
硒	亚硒酸钠	含硒 45.6%
碘	碘化钾	含碘 76.45%

钴　　　　　七水硫酸钴　　　　　　　　含钴21%

（二）非营养性饲料添加剂

1. 酶制剂

酶是生物体内代谢的催化剂，种类很多，作用选择性专一。作为饲料添加剂的多是一些帮助消化的酶类，主要有蛋白酶类、淀粉酶类、纤维素分解酶类、胰酶、糖分解酶类等单一酶制剂和复合酶制剂。

2. 微生态制剂

又称益生素、生菌剂，是将动物肠道细菌进行分离和培养所制成的活菌制剂。常用的有乳酸杆菌制剂、枯草杆菌制剂、双歧杆菌制剂、链球菌属、酵母菌等。微生态制剂可在动物消化道内大量繁殖，排除或抑制有害菌，促使有益菌的繁殖。微生态制剂不会使动物产生耐药性，不会产生残留，也不会产生交叉污染，是一种可望替代抗生素的绿色添加剂。

3. 中草药添加剂

中药是天然的动植物或矿物质，本身含有丰富的维生素、矿物质、蛋白质及未知活性因子，在饲料中可以补充营养，另外还具有促生长、增强动物体质、提高抗病力的作用。中草药饲料添加剂来源广泛、种类很多，不产生药物残留和耐药性，应用前景广阔。

4. 饲料保藏剂

（1）抗氧化剂　为了防止配合饲料或某些原料中的脂肪和某些维生素被氧化变质，往往加入抗氧化剂，使其达到阻止或延迟饲料氧化、提高饲料稳定性和延长贮存期的目的。添加量0.01%~0.05%。常用的抗氧化剂有乙氧基喹啉（山道喹）、丁基化羟基甲苯（BHT）等。

（2）防腐剂　在饲料保存过程中可防止发霉变质，常用的防腐剂成分为丙酸及其钠（钙）盐和苯甲酸钠。

5. 药物饲料添加剂

为预防、治疗动物疾病而掺入载体或者稀释剂的兽药的预混物，包括抗球虫药物、驱虫剂类、抑菌促生长类等。

（1）抗生素类　尽量选用动物专用的、吸收和残留少的、安全范围大的、无毒副作用的、不产生耐药性的品种，尽量不用广谱抗生素。

（2）驱虫保健剂　抗螨虫剂（越霉素 A、潮霉素 B）和抗球虫剂（氨丙啉、山度拉霉素、地克珠利等）。

6. 着色剂

着色剂常用于家禽、水产动物和观赏动物日粮中，可改善蛋黄、肉鸡屠体和观赏动物的色泽。用作饲料添加剂的着色剂有两种，一种是天然色素，主要是植物中的类胡萝卜素和叶黄素类。另一种是人工合成的色素，如胡萝卜素醇。当日粮中添加着色剂时，要调整维生素 A 的用量。

7. 食欲增进剂

食欲增进剂包括香料、调味剂及诱食剂三种。添加食欲增进剂可增强动物食欲，提高饲料的消化吸收及利用率。香料有葱油、大蒜油、橄榄油、茴香油、酯类、醚类、酮类、芳香族醇类、内酯类、酚类等。调味剂包括鲜味剂、甜味剂、酸味剂、辣味剂等；诱食剂主要针对水产动物使用，常含有甜菜碱、某些氨基酸和其他挥发性物质。

8. 流散剂

也叫流动剂或抗结块剂。目的是使饲料和饲料添加剂具有较好的流动性，以防止饲料在加工及贮存过程中结块。流散剂多系无水硅酸盐，难以消化吸收，用量不宜过高，一般在 0.5% ~ 2%。常用的流散剂有天然的和人工合成的硅酸化合物和硬脂酸盐类，如硬脂酸钙、硬脂酸钠、硅藻土、硅酸钙等。

第三节　家禽饲料配制与加工

家禽饲料配制是指根据家禽的营养需求，将各种饲料原料进行合理的搭配，配制出科学合理、营养全面的饲料的过程。

一、家禽饲料配制

（一）饲养标准

家禽的饲养标准很多，目前我国采用的饲养标准主要有三种，一种是我国的饲养标准，另一种是引用美国的 NRC 饲养标准，第三种是个别育种公司制定的品种饲养标准。

1. 我国饲养标准

现将 2004 年农业部发布的《中华人民共和国行业标准——鸡饲养标准》（2004 - 08 - 25 发布）摘录如下（表 5 - 2 至表 5 - 6）。

表 5 - 2　生长蛋鸡营养需要

营养指标	单位	0~8 周龄	9~18 周龄	19 周龄至开产
代谢能	MJ/kg（Mcal/kg）	11.91（2.85）	11.70（2.80）	11.50（2.75）
粗蛋白质	%	19.0	15.5	17.0
蛋白能量比	g/MJ（g/Mcal）	15.95（66.67）	13.25（55.30）	14.78（61.82）
赖氨酸	%	1.00	0.68	0.70
蛋氨酸	%	0.37	0.27	0.34
蛋+胱氨酸	%	0.74	0.55	0.64
苏氨酸	%	0.66	0.55	0.62
色氨酸	%	0.20	0.18	0.19
精氨酸	%	1.18	0.98	1.02
亮氨酸	%	1.27	1.01	1.07
异亮氨酸	%	0.71	0.59	0.60
苯丙氨酸	%	0.64	0.53	0.54
苯丙+酪氨酸	%	1.18	0.98	1.00

（续表）

营养指标	单位	0~8周龄	9~18周龄	19周龄至开产
组氨酸	%	0.31	0.26	0.27
脯氨酸	%	0.50	0.34	0.44
缬氨酸	%	0.73	0.60	0.62
甘+丝氨酸	%	0.82	0.68	0.71
钙	%	0.90	0.80	2.00
总磷	%	0.70	0.60	0.55
非植酸磷	%	0.40	0.35	0.32
钠	%	0.15	0.15	0.15
氯	%	0.15	0.15	0.15
铁	mg/kg	80	60	60
铜	mg/kg	8	6	8
锌	mg/kg	60	40	80
锰	mg/kg	60	40	60
碘	mg/kg	0.35	0.35	0.35
硒	mg/kg	0.30	0.30	0.30
亚油酸	%	1.0	1.0	1.0
维生素A	IU/kg	4 000	4 000	4 000
维生素D	IU/kg	800	800	800
维生素E	mg/kg	10	8	8
维生素K	mg/kg	0.5	0.5	0.5
硫胺素	mg/kg	1.8	1.3	1.3
核黄素	mg/kg	3.6	1.8	2.2
泛酸	mg/kg	10	10	10
烟酸	mg/kg	30	11	11
吡哆醇	mg/kg	3	3	3
生物素	mg/kg	0.15	0.10	0.10
叶酸	mg/kg	0.55	0.25	0.25
维生素B_{12}	mg/kg	0.010	0.003	0.004
胆碱	mg/kg	1300	900	500

　　说明：根据中型体重鸡按玉米-豆粕型日粮制定，轻型鸡可酌减10%，开产日龄按5%产蛋率计算。

表 5 – 3　产蛋鸡营养需要

营养指标	单位	开产～高峰期（>85%）	高峰后（<85%）	种鸡
代谢能	MJ/kg（Mcal/kg）	11. 29（2. 70）	10. 87（2. 65）	11. 29（2. 70）
粗蛋白质	%	16. 5	15. 5	18. 0
蛋白能量比	g/MJ（g/Mcal）	14. 61（61. 11）	14. 26（58. 49）	15. 94（66. 67）
赖氨酸能量比	g/MJ（g/Mcal）	0. 64（2. 67）	0. 61（2. 54）	0. 63（2. 63）
赖氨酸	%	0. 75	0. 70	0. 75
蛋氨酸	%	0. 34	0. 32	0. 34
蛋 + 胱氨酸	%	0. 65	0. 56	0. 65
苏氨酸	%	0. 55	0. 50	0. 55
色氨酸	%	0. 16	0. 15	0. 16
精氨酸	%	0. 76	0. 69	0. 76
亮氨酸	%	1. 02	0. 98	1. 02
异亮氨酸	%	0. 72	0. 66	0. 72
苯丙氨酸	%	0. 58	0. 52	0. 58
苯丙 + 酪氨酸	%	1. 08	1. 06	1. 08
组氨酸	%	0. 25	0. 23	0. 25
缬氨酸	%	0. 59	0. 54	0. 59
甘 + 丝氨酸	%	0. 57	0. 48	0. 57
可利用赖氨酸	%	0. 66	0. 60	—
可利用蛋氨酸	%	0. 32	0. 30	—
钙	%	3. 5	3. 5	3. 5
总磷	%	0. 60	0. 60	0. 60
非植酸磷	%	0. 32	0. 32	0. 32
钠	%	0. 15	0. 15	0. 15
氯	%	0. 15	0. 15	0. 15
铁	mg/kg	60	60	60
铜	mg/kg	8	8	8
锰	mg/kg	60	60	60
锌	mg/kg	80	80	60

（续表）

营养指标	单位	开产～高峰期（>85%）	高峰后（<85%）	种鸡
碘	mg/kg	0.35	0.35	0.35
硒	mg/kg	0.30	0.30	0.30
亚油酸	%	1	1	1
维生素 A	IU/kg	8 000	8 000	10 000
维生素 D	IU/kg	1 600	1 600	2 000
维生素 E	mg/kg	5	5	10
维生素 K	mg/kg	0.5	0.5	1.0
硫胺素	mg/kg	0.8	0.8	0.8
核黄素	mg/kg	2.5	2.5	3.8
泛酸	mg/kg	2.2	2.2	10
烟酸	mg/kg	20	20	30
吡哆醇	mg/kg	3.0	3.0	4.5
生物素	mg/kg	0.10	0.10	0.15
叶酸	mg/kg	0.25	0.25	0.35
维生素 B_{12}	mg/kg	0.004	0.004	0.004
胆碱	mg/kg	500	500	500

表5-4　生长蛋鸡体重与耗料量

周龄	周末体重（g/只）	耗料量（g/只）	累计耗料量（g/只）
1	70	84	84
2	130	113	203
3	200	154	357
4	275	189	546
5	360	224	440
6	445	259	1 029
7	530	294	1 323
8	615	329	1 652
9	700	357	2 009

（续表）

周龄	周末体重（g/只）	耗料量（g/只）	累计耗料量（g/只）
10	785	385	2 394
11	875	413	2 807
12	965	441	3 248
13	1 055	469	3 717
14	1 145	497	4 214
15	1 235	525	4 739
16	1 325	546	5 285
17	1 415	567	5 852
18	1 505	588	6 440
19	1 595	609	7 049
20	1 670	630	7 679

注：0~8 周龄为自由采食，9 周龄开始结合光照进行限饲

表 5-5　肉用仔鸡营养需要

营养指标	单位	0~3 周龄	4~6 周龄	7周龄以上	0~2 周龄	3~6 周龄	7周龄以上
代谢能	MJ/kg（Mcal/kg）	12.54（3.00）	12.96（3.10）	13.17（3.15）	12.75（3.05）	12.96（3.10）	13.17（3.15）
粗蛋白质	%	21.5	20.0	18.0	22.0	20.0	17.0
蛋白能量比	g/MJ（g/Mcal）	17.14（71.67）	15.43（64.52）	13.67（57.14）	17.25（72.13）	15.43（64.52）	12.91（53.97）
赖氨酸能量比	g/MJ（g/Mcal）	0.92（3.83）	0.77（3.23）	0.67（2.81）	0.88（3.67）	0.77（3.23）	0.62（2.60）
赖氨酸	%	1.15	1.00	0.87	1.20	1.00	0.82
蛋氨酸	%	0.50	0.40	0.34	0.52	0.40	0.32
蛋+胱氨酸	%	0.91	0.76	0.65	0.92	0.76	0.63
苏氨酸	%	0.81	0.72	0.68	0.84	0.72	0.64
色氨酸	%	0.21	0.18	0.17	0.21	0.18	0.16
精氨酸	%	1.20	1.12	1.01	1.25	1.12	0.95

（续表）

营养指标	单位	0～3 周龄	4～6 周龄	7 周龄以上	0～2 周龄	3～6 周龄	7 周龄以上
亮氨酸	%	1.26	1.05	0.94	1.32	1.05	0.89
异亮氨酸	%	0.81	0.75	0.63	0.84	0.75	0.59
苯丙氨酸	%	0.71	0.66	0.58	0.74	0.66	0.55
苯丙＋酪氨酸	%	1.27	1.15	1.00	1.32	1.15	0.98
组氨酸	%	0.35	0.32	0.27	0.36	0.32	0.25
脯氨酸		0.58	0.54	0.47	0.60	0.54	0.44
缬氨酸	%	0.85	0.74	0.64	0.90	0.74	0.72
甘＋丝氨酸	%	1.24	1.10	0.96	1.30	1.10	0.93
钙	%	1.0	0.9	0.8	1.05	0.95	0.80
总磷	%	0.68	0.65	0.60	0.68	0.65	0.60
非植酸磷	%	0.45	0.40	0.35	0.50	0.40	0.35
钠	%	0.20	0.15	0.15	0.20	0.15	0.15
氯	%	0.20	0.15	0.15	0.20	0.15	0.15
铁	mg/kg	100	80	80	120	80	80
铜	mg/kg	8	8	8	10	8	8
锰	mg/kg	120	100	80	120	100	80
锌	mg/kg	100	80	80	120	80	80
碘	mg/kg	0.70	0.70	0.70	0.70	0.70	0.70
硒	mg/kg	0.30	0.30	0.30	0.30	0.30	0.30
亚油酸	%	1	1	1	1	1	1
维生素 A	IU/kg	8 000	6 000	2 700	10 000	6 000	2 700
维生素 D	IU/kg	1 000	750	400	2 000	1 000	400
维生素 E	mg/kg	20	10	10	30	10	10
维生素 K	mg/kg	0.5	0.5	0.5	1.0	0.5	0.5
硫胺素	mg/kg	2.0	2.0	2.0	2	2	2
核黄素	mg/kg	8	5	5	10	5	5
泛酸	mg/kg	10	10	10	10	10	10
烟酸	mg/kg	35	30	30	45	30	30
吡哆醇	mg/kg	3.5	3.0	3.0	4.0	3.0	3.0
生物素	mg/kg	0.18	0.15	0.10	0.20	0.15	0.10
叶酸	mg/kg	0.55	0.55	0.50	1.00	0.55	0.50
维生素 B_{12}	mg/kg	0.010	0.010	0.007	0.010	0.010	0.007
胆碱	mg/kg	1 300	1 000		1 500	1 200	750

表 5 - 6   肉用仔鸡体重与耗料量

周龄	周末体重（g/只）	耗料量（g/只）	累计耗料量（g/只）
1	126	113	113
2	317	273	386
3	558	473	859
4	900	643	1 502
5	1 309	867	2 369
6	1 696	954	3 323
7	2 117	1 164	4 487
8	2 457	1 079	5 566

2. 美国 NRC（1994）鸡饲养标准（表 5 - 7、表 5 - 8）

表 5 - 7   白来航蛋鸡饲养标准

营养指标	单位	0 ~ 6 周龄	6 ~ 12 周龄	12 ~ 18 周龄	18 周龄至开产
代谢能	MJ/kg	11.92	11.92	12.13	12.13
粗蛋白质	%	18.00	16.00	15.00	17.00
赖氨酸	%	0.85	0.60	0.45	0.52
蛋氨酸	%	0.30	0.25	0.20	0.22
蛋 + 胱氨酸	%	0.62	0.52	0.42	0.47
亚油酸	%	1.00	1.00	1.00	1.00
钙	%	0.90	0.80	0.80	2.00
非植酸磷	%	0.40	0.35	0.30	0.32
维生素 A	IU	1 500	1 500	1 500	1 500
维生素 D_3	IU	200	200	200	300
维生素 E	IU	10.00	5.00	5.00	5.00
期末体重	g	450	980	1 375	1 475

表 5 – 8   肉鸡营养需要

营养指标	单位	0~3 周龄	3~6 周龄	6~8 周龄
代谢能	MJ/kg	13.39	13.39	13.39
粗蛋白质	%	23.00	20.00	18.00
赖氨酸	%	1.10	1.00	0.85
蛋氨酸	%	0.50	0.38	0.32
蛋 + 胱氨酸	%	0.90	0.72	0.60
亚油酸	%	1.00	1.00	1.00
钙	%	1.00	0.90	0.80
非植酸磷	%	0.45	0.35	0.30
维生素 A	IU	1 500	1 500	1 500
维生素 D_3	IU	200	200	200
维生素 E	IU	10	10	10

3. 饲养标准的应用

所有标准仅是一定时期内相对合理的标准，它的数值不是一成不变的，随着生产的发展及科技的进步，需要不断修正和完善。饲养标准中的数据是在环境理想、管理正常的条件下获得的，在生产实践中这样的条件是不可能达到的，因此常将饲养标准提高，增加一定的保险系数。

家禽对营养物质的需要量受遗传因素、生理状况、环境条件的影响，一般应根据实际情况，具体问题具体分析。例如家禽对维生素的需要量甚微，即使过量一般也不会发生中毒，尤其是水溶性维生素。而对微量元素添加时需特别小心，有的微量元素稍过量便会中毒，如硒、钼等，添加时最好不超过饲养标准中规定的含量。

（二）饲料配方实例

1. 产蛋鸡（产蛋率>85%）饲料配方示例（表5-9）

表5-9　蛋鸡饲料配方示例　　　　　　　　　　　（%）

		配方1	配方2	配方3	配方4
原料名称	玉米	62.5	65	64.33	65.01
	豆粕	24	24	17.3	22.6
	大豆油	1.5	—	—	—
	麸皮	—	—	0.5	0.5
	膨化大豆	1.35	0.83	—	—
	棉粕	—	—	3	—
	菜籽粕	—	—	3	—
	鱼粉	—	—	1	1
	磷酸氢钙	1.5	1.5	1.2	1.2
	石粉	8.5	8.0	9.0	9.02
	食盐	0.17	0.17	0.17	0.17
	添加剂	0.5	0.5	0.5	0.5
营养指标	代谢能（MJ/kg）	11.29	11.16	11.15	11.08
	粗蛋白质	16.0	16.2	16.0	16.0
	钙	3.8	3.5	3.76	0.375
	可吸收磷	0.43	0.43	0.43	0.42
	亚油酸	2.00	1.33	—	—
	赖氨酸	0.85	0.86	—	—
	蛋氨酸	0.44	0.44	0.38	0.38

2. 肉鸡饲料配方示例

（1）肉雏鸡的饲料配方

① 玉米55.3%，豆粕38%，磷酸氢钙1.4%，石粉1%，食盐0.3%，油3%，添加剂1%。

② 玉米54.2%，豆粕34%，菜粕5%，磷酸氢钙1.5%，石

粉1%，食盐0.3%，油3%，添加剂1%。

③玉米55.2%，豆粕32%，鱼粉2%，菜粕4%，磷酸氢钙1.5%，石粉1%，食盐0.3%，油3%，添加剂1%。

（2）肉中鸡的饲料配方

①玉米58.2%，豆粕35%，磷酸氢钙1.4%，石粉1.1%，食盐0.3%，油3%，添加剂1%。

②玉米57.2%，豆粕31.5%，菜粕5%，磷酸氢钙1.3%，石粉1.2%，食盐0.3%，油2.5%，添加剂1%。

③玉米57.7%，豆粕27%，鱼粉2%，菜粕4%，棉粕3%，磷酸氢钙1.3%，石粉1.2%，食盐0.3%，油2.5%，添加剂1%。

（3）肉大鸡的饲料配方

①玉米60.2%，麦麸3%，豆粕30%，磷酸氢钙1.3%，石粉1.2%，食盐0.3%，油3%，添加剂1%。

②玉米59.2%，麦麸2%，豆粕22.5%，菜粕9.5%，磷酸氢钙1.3%，石粉1.2%，食盐0.3%，油3%，添加剂1%。

③玉米60.7%，豆粕21%，鱼粉2%，菜粕4.5%，棉粕5%，磷酸氢钙1.3%，石粉1.2%，食盐0.3%，油3%，添加剂1%。

3. 产蛋鸭饲料配方示例（表5-10）

表5-10　产蛋鸭饲料配方示例　　　　　　　　　　　（%）

组分	配方1	配方2	配方3
玉米	51	53	55
米糠	6	5	6
豆粕	10	11	10
麦麸	4	5	4
鱼粉	8	8	9

家禽养殖与防疫实用技术

（续表）

组分	配方1	配方2	配方3
叶粉	3	4	3
花生粕	5	5	3
甘薯粉	5	4	4
糖蜜	2	—	—
油脂	1	1	1
骨粉	1	1	1
贝粉	3.5	3.5	3.5
食盐	0.5	0.5	0.5

二、家禽饲料的加工

配合饲料的生产工艺（图5-1）。

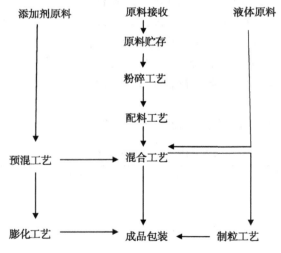

图5-1　配合饲料生产工艺

1. 原料的接收

① 散装原料的接收：以散装汽车、火车运输的，用自卸汽车经地磅称量后将原料卸到卸料坑。

② 包装原料的接收：分为人工搬运和机械接收两种。

③ 液体原料的接收：瓶装、桶装可人工搬运入库。

2. 原料的贮存

① 饲料中原料和物料的状态较多，必须使用各种形式的料仓，饲料厂的料仓有筒仓和房式仓两种。

② 主原料如玉米、高粱等谷物类原料，流动性好，不易结块，多采用筒仓贮存。

③ 副料如麸皮、豆粕等粉状原料，散落性差，存放一段时间后易结块不易出料，采用房式仓贮存。

3. 原料的清理

① 饲料原料中的杂质，不仅影响到饲料产品质量而且直接关系到饲料加工设备及人身安全，严重时可致整台设备遭到破坏，影响饲料生产的顺利进行，应及时清除。

② 饲料厂的清理设备以筛选和磁选设备为主，筛选设备除去原料中的石块、泥块、麻袋片等大而长的杂物，磁选设备主要去除铁质杂质。

4. 原料的粉碎

粉碎是使用机械的方法克服固体物料内聚力而使之破碎的一种操作，饲料原料的粉碎是饲料加工过程中最主要的工序之一，它是影响饲料质量，产量、电耗和加工成本的重要因素。

粉碎可以使饲料原料颗粒变小，增加饲料的表面积，有利于动物的消化和吸收。同时改善和提高物料的加工性能，减少混合均匀后的物料分级。

（1）一次粉碎工艺　是最简单、最常用、最原始的一种粉碎工艺，无论是单一原料、混合原料，均经一次粉碎后即可。按使用粉碎机的台数可分为单机粉碎和并列粉碎，小型饲料加工厂大多采用单机粉碎，中型饲料加工厂有用两台或两台以上粉碎机并列使用，缺点是粒度不均匀，电耗较高。

（2）二次粉碎工艺

① 单一循环二次粉碎工艺。用一台粉碎机将物料粉碎后进行筛分，筛上物再回流到原来的粉碎机再次进行粉碎。

② 阶段二次粉碎工艺。该工艺的基本设置是采用两台筛片不同的粉碎机，两粉碎机上各设一道分级筛，将物料先经第一道筛筛理，符合粒度要求的筛下物直接进行混合机，筛上物进入第一台粉碎机，粉碎的物料再进入分级筛进行筛理。符合粒度要求的物料进入混合机，其余的筛上物进入第二台粉碎机粉碎，粉碎后进入混合机。

③ 组合二次粉碎工艺。该工艺是在两次粉碎中采用不同类型的粉碎机，第一次采用对辊式粉碎机，经分级筛筛理后，筛下物进入混合机，筛上物进入锤片式粉碎机进行第二次粉碎。

（3）先配料后粉碎工艺　按饲料配方的设计先进行配料并进行混合，然后进入粉碎机进行粉碎。

（4）先粉碎后配料工艺　本工艺先将待粉料进行粉碎，分别进入配料仓，然后再进行配料和混合。

5. 配料工艺

（1）人工添加配料　人工控制添加配料适用于小型饲料加工厂和饲料加工车间，这种配料工艺是将参加配料的各种组分由人工称量，然后由人工将称量过的物料倾倒入混合机中。因为全部采用人工计量、人工配料，工艺极为简单、设备投资少、产品成本降低，计量灵活、精确，但人工的操作环境差、劳动强度大、劳动生产率很低，尤其是操作工人劳动较长的时间后，容易出差错。

（2）容积式配料　每个配料仓下面配置一台容积式配料器。

（3）一仓一秤配料

（4）多仓一秤配料

（5）多仓数秤配料 将所计量的物料按照其物理特性或称量范围分组，每组配上相应的计量装置。

6. 混合工艺

将按配方的比例要求配制的各种饲料原料组分混合均匀，使动物能采食到符合配方比例要求的各种组分饲料的过程，称为混合，可分为以下几种。

（1）分批混合工艺 是将各种混合组分根据配方的比例混合在一起，并将它们送入周期性工作的"批量混合机"分批地进行混合。这种混合方式改换配方比较方便，每批之间的相互混杂较少，是目前普遍应用的一种混合工艺，启闭操作比较频繁，因此大多采用自动程序控制。

（2）连续混合工艺 是将各种饲料组分同时分别地连续计量，并按比例配合成一股含有各种组分的料流，当这股料流进入连续混合机后，则连续混合而成一股均匀的料流。这种工艺的优点是可以连续地进行，容易与粉碎及制粒等连续操作的工序相衔接，生产时不需要频繁地操作。但是在换配方时，流量的调节比较麻烦，而且在连续输送和连续混合设备中的物料残留较多，所以两批饲料之间的互混问题比较严重。

7. 制粒工艺

（1）调质 调质直接决定颗粒饲料的质量。调质目的是将配合好的干粉料调质成为具有一定水分、一定湿度、利于制粒的粉状饲料。目前我国饲料厂都是通过加入蒸汽来完成调质过程。

（2）制粒 制粒的目的就是将细碎的、容易扬尘的、适口性差的和难于装运的饲料利用热、水分和压力制成较大的颗粒，制粒可防止饲料组分在混合、运输、喂养过程中分级，保全营养，减少浪费。根据制粒机不同，分为环模制粒和平模制粒。

（3）冷却　在制粒过程中由于通入高温、高湿的蒸汽，同时物料被挤压产生大量的热，使得颗粒饲料刚从制粒机出来时，含水量达16%～18%，温度高达75～85℃。在这种条件下，颗粒饲料容易变形破碎，贮藏时也会产生粘结和霉变现象，必须使其水分降至14%以下，温度降低至比气温高8℃以下，这就需要冷却。

（4）破碎　在颗料机的生产过程中为了节省电力，增加产量，提高质量，往往是将物料先制成一定大小的颗粒，然后再根据畜禽饲用时的粒度用破碎机破碎成合格的产品。

（5）筛分　颗粒饲料经粉碎工艺处理后，会产生一部分粉末凝块等不符合要求的物料，因此破碎后的颗粒饲料需要筛分成颗粒整齐、大小均匀的产品。

第六章　家禽常见疫病防制

第一节　家禽病毒性疾病

一、鸡新城疫

鸡新城疫（ND）是由新城疫病毒引起的一种急性、热性、高度接触性传染病，常呈败血症经过。主要特征为呼吸困难、下痢、神经机能紊乱、成年鸡产蛋下降。剖检可见消化道、呼吸道黏膜及脑组织出血。人也可感染，表现为结膜炎或类似流感症状。

本病可发生于任何季节，但以春、秋两季较多，常呈毁灭性流行。

（一）症状

最急性型病鸡常不显任何症状而突然死亡，多见于流行初期。

常见为急性型，食欲减退或废绝，有渴感，精神萎靡，缩颈垂头，翅下垂，闭眼，鸡冠及肉髯变成暗红或紫色，咳嗽，呼吸困难，常发出"咯咯"声，病鸡体温升高达 43～44℃，倒提时有大量酸臭液体从口中流出，粪便稀薄呈黄绿色或黄白色，后期排出蛋清样排泄物，一般 2～5 天死亡。

亚急性或慢性型病鸡病程稍长，主要出现神经症状，翅、腿麻痹，运动失调，常见伏地转圈，头向后、向一侧扭转。

近年来普遍使用疫苗，但免疫程序不尽合理，母源抗体或免疫抗体干扰活疫苗的作用，使一些个体免疫力不够坚强，导致出现非典型新城疫。病鸡症状不明显，死亡率不高，以呼吸系统症状为主，产蛋鸡群常出现产蛋量突然急剧下降，产小蛋、软壳蛋或沙壳蛋，有的蛋白稀薄如水。病初对病鸡群采血进行血凝抑制试验（HI），HI 抗体水平不整齐，个体之间相差很大，病后 2 周再检查，HI 抗体水平有明显的不正常升高。非典型新城疫除造成经济损失外，更重要的是感染鸡群会成为病毒贮存库，使疫病连绵不断，千万不能忽视。

（二）病理变化

剖检病死鸡，嗉囊充满酸臭稀薄的液体和气体。腺胃黏膜水肿，其乳头或乳头间有出血点或溃疡及坏死，肌胃角质膜下出血，这是本病的特征变化。小肠（十二指肠升降段和卵黄蒂附近）有大小不等散在的出血点，十二指肠黏膜弥散淋巴组织肿胀、溃疡，直肠黏膜上有条纹状出血点，有时肌胃角质膜点块状出血，肠黏膜下的弥散淋巴组织肿胀、溃疡。盲肠扁桃体肿大、出血和坏死。肺有时瘀血。产蛋母鸡卵泡和输卵管充血明显。

非典型 ND 仅见黏膜卡他性炎症，喉头和气管黏膜出血，腺胃乳头出血少见，直肠黏膜、泄殖腔和盲肠扁桃体多见出血，且回肠黏膜表面常有枣核样肿大突起。产蛋鸡卵泡充血。

（三）预防

1. 一般措施

建立和健全严格的卫生防疫制度，防止一切带毒动物（特别是鸟类）和污染物品进入鸡群；进出的人员和车辆应严格消毒；饲料来源要安全；不从疫区引进种蛋和鸡苗；新购进的鸡须接种 ND 疫苗，并隔离观察 2 周以上，证明健康者方可合群。

2. 预防接种

常使用的疫苗包括活疫苗和灭活苗，活疫苗又分为弱毒苗和中毒苗。弱毒苗有 IV 系、克隆 30、VH、VG/GA 株、V4 等，可用于各年龄段的鸡，但雏鸡必须使用弱毒苗，采用滴鼻、点眼、饮水、气雾、注射等多种方法接种。中毒苗主要为Ⅰ系苗，用于2月龄以上的鸡，多采用肌内注射的方法接种，幼龄鸡用后反应较重或发病，但产生免疫力快（3～4天），免疫期长（6个月以上）。

（四）治疗

发病后处理：一旦发病，应封锁鸡场，紧急消毒，分群隔离，将病鸡和接触过病鸡的可疑鸡分群，视日龄对全场鸡进行紧急接种，具体方法如下。

① 雏鸡迅速以2～3头份ND弱毒疫苗（N79或Clone30）进行点眼滴鼻。

② 青年鸡以2～3头份的ND弱毒苗进行肌内注射，1只鸡1个针头，以ND弱毒苗滴鼻并注射2个头份的ND灭活苗效果明显，同时添加多维素或饮服电解多维以防应激。

③ 对产蛋高峰发生ND，如用N79或Clone30每只鸡3～5头份注射，再配合鱼肝油拌料，一般一周控制病情，并能在2个月内不发生ND。产蛋鸡一般在注苗后1～2周恢复正常。

在发病初期还可使用抗新城疫高免血清或卵黄抗体，用法：肌内或皮下注射（2～3mL/kg体重），早期治疗可收到一定效果，中后期使用效果不好。板蓝根冲剂、抗病毒颗粒、金银花及其他中药制剂辅助治疗，有一定效果。

应做好病死鸡的无害化处理。当疫区最后一个病例处理后2周，经严格的终末消毒后，方可解除封锁。

二、鸡传染性法氏囊病

传染性法氏囊病是由传染性法氏囊病毒（IBDV）引起幼鸡的一种急性、高度接触性传染病。以腹泻、精神极度沉郁为主要症状，以胸肌、腿肌出血和法氏囊肿大有出血、肾肿为主要病变。幼鸡感染后发病率高、病程短、死亡率高，导致免疫抑制，并可诱发多种疫病或使多种疫苗免疫失败。

本病一年四季都可发病，但主要见于6~7月。

（一）症状

本病的发生常于感染后第3天开始死亡，5~7天达到高峰，以后很快停息，表现为高峰死亡和迅速康复的曲线。流行多持续5~9天，平均7.5天。这种尖峰式死亡曲线，为该病重要特征。

最初发现个别鸡自啄泄殖腔。病鸡采食减少，畏寒，常聚堆，精神高度沉郁，缩头，羽毛逆立。随后出现腹泻，排出白色黏稠和水样稀粪，泄殖腔周围的羽毛被粪便污染。在后期体温低于正常，严重脱水，极度虚弱，尤见鸡爪脱水干瘪，最后死亡。由IBDV的亚型毒株或变异株感染的鸡，表现为亚临床病状，炎症反应弱，法氏囊萎缩，死亡率低，但免疫抑制严重，造成更大危害。

（二）病变

病死鸡脱水。腿部和胸部肌肉出血。法氏囊内黏液增多，法氏囊稍肿和出血，体积增大，重量增加，比正常值重2倍。5天后法氏囊开始萎缩，切开后黏膜皱褶多混浊不清，黏膜表面有点状出血或弥漫性出血，严重时，法氏囊内有干酪样渗出物。肾脏有不同程度的肿胀。腺胃和肌胃交界处出血、溃疡。肝表面呈黄色或红黄相间的条纹，若为超强毒毒株感染，则出血程度更为严重。

（三）预防

应用法氏囊疫苗进行免疫接种可以有效预防本病。由于病毒在外界环境中极为稳定，能在鸡舍内长期存活，注意环境消毒，尤其是育雏室的环境消毒非常重要。将有效消毒药对环境、鸡舍、用具、笼具进行喷洒，经2~6小时后，进行彻底清扫和冲洗，重复2~3次消毒后再引进雏鸡，以预防法氏囊病毒的早期感染。

（四）治疗

治疗原则是：提高舍温 1 ~ 2℃，饮水中加入电解多维，注射卵黄抗体、抗病毒、通肾，防止继发感染。

对于暴发典型的传染性法氏囊病的，发现后应尽早注射卵黄抗体，一般注射后 1 天即可控制住死亡。治疗可用高免血清或高免卵黄抗体，在卵黄抗体中加入对肾脏损伤较小的抗菌药物，可起到良好的效果；因为注射抗体属被动免疫，所以应注意 7 ~ 10 天后再进行 1 次疫苗免疫；治疗时加入肾肿解毒药（如碳酸氢钠或口服补液盐等），1 次/天，连用 3 ~ 4 天；还可用黄芪多糖、干扰素等辅助治疗，饮水中加 5% 葡萄糖效果好。

对病情较缓的病例，建议采用药物治疗为主。

三、禽流感

禽流感是由 A 型流感病毒引起的一种禽类的感染综合征。以发热、咳嗽等不同程度的呼吸道炎症为主，也会出现生殖、神经、消化等多系统损伤，临床上表现从急性败血性死亡到无症状带毒（隐性感染）等多种表型。病程短，病愈后有一定的型特异性免疫力。常见的禽流感病毒有 H5 和 H9 两种类型，其中 H5 亚型属于高致病力病毒，家禽发病急，发病率高，突然死亡；H9 型属于温和型病毒，家禽发病致死率不高，但对产蛋率影响很大。本病是一种对养鸡业危害严重的疾病，每次规模的暴发都给养鸡业造成巨大的经济损失，被世界动物卫生组织、我国农业部分别列为 A 类动物传染病和一类动物疫病。

禽流感主要发生在冬、春季节，一旦发生多呈大流行或地方性流行。

（一）症状

潜伏期一般 3 ~ 5 天。临床表现依感染鸡的品种、日龄、性别、并发感染程度、病毒毒力和环境因素等不同而多种多样。有的突然发病，无任何临床症状而死亡（如H5N1）。有的病程稍长（如H9N2）且高热，44℃以上，精神迟钝，食欲减退，萎靡昏睡，鸡冠和肉髯呈暗紫色，眼周、耳垂、头颈水肿，鼻、眼分泌物增多，病鸡常摇头，呼吸困难，且有喘鸣和咯咯声，流出唾液，腹泻，排出灰色或微绿色稀粪，有时为红色稀粪。病后期有明显的神经症状，兴奋、痉挛，有时作转圈运动，运动失调，产蛋率急剧下降，下降30%～70%，甚至停止产蛋。褐壳蛋色变淡，畸形蛋、沙壳蛋、软壳蛋增多，持续1～5周后产蛋率缓慢上升，但只能恢复到下降前的70%～80%。

鸭子发生禽流感时，除表现以上症状外，还会导致结膜肿胀发炎，甚至失明，鼻腔内有黏性分泌物，常摇头，呼吸困难。有些病例出现下痢和神经症状，抽搐，运动失调，瘫痪和半瘫痪。

（二）病变

禽流感病理变化因感染病毒株毒力的强弱、病程长短和禽种的不同而异。

在高致病力毒株感染时，因死亡太快，可能见不到明显的大体病变。典型病变主要是头部肿大发绀，气管有黏液，在腺胃黏膜、肌胃角质膜下及十二指肠有出血，肝、脾、肾、肺有灰黄色坏死小灶，胸腿肌肉、胸骨内面及腹部、心冠脂肪有散在出血点，胰腺出血、有坏死，脚跖部鳞片下出血。

在多数温和型病情较轻的病例中，大体病变常常不很明显，表现为轻微的窦炎（如鼻窦炎），眼眶周围水肿；气管黏膜轻度水肿，并常伴有浆液性或干酪样渗出物，气囊增厚有炎性渗出物附着；产蛋鸡常见卵巢退化、出血和卵子畸形、萎缩和破裂，输卵管萎缩，输卵管内有多量白色黏稠样物，似蛋清样，堵蛋，甚至出现卵黄性腹膜炎。

（三）防制

免疫接种是有效的防制措施。产蛋鸡于产前接种 3～4 次禽流感灭活苗，开产后可根据抗体监测结果进行接种，每次接种免疫力可维持 3～4 个月。为提高预防效果，应根据疫病流行情况选择适宜的疫苗。

在日常工作中应特别注意的是，不从疫区引种和携带畜禽产品，不要混养鸡、鸭、猪等，由于鸭是禽流感病毒的贮存库，猪是禽流感病毒的中间宿主，三者之间很容易形成一个流行链，使禽流感病毒得以长期保存。同时猪也是人流感病毒的中间宿主，一旦禽流感病毒和人流感病毒在猪体内发生基因转换和重组，就可能产生一种可在人与人之间流行的新毒株，其后果是可引起世界性流感大流行，对此绝不能掉以轻心。

（四）治疗

经确诊是高致病性禽流感时，应在上级部门指导下，尽快划定疫区，确定采取严格扑杀、掩埋或焚烧等措施，防止疫情扩散。疫区内与禽有关的交易市场必须彻底地清扫、消毒。对已被污染的场所、设备、病禽的排泄物及工作服等进行严格消毒。

发生中低致病力禽流感时，每天用消毒剂 1～2 次带鸡消毒并使用药物进行治疗，用清瘟败毒散或其他抗病毒的中药、西药（产蛋期禁用），连用 5 天，为控制继发感染，用丁胺卡那、恩诺沙星等抗菌药物。另外，每 100kg 水中加入维生素 C50g、维生素 E15g、糖 5 000g，连饮 5～7 天，有利于该病康复。产蛋鸡病愈后，要及时挑出不产蛋或产蛋少的鸡，并大群投用增蛋中药 4～5 周，促进输卵管愈合，促使产蛋上升。

对无污染地区，主要采取宰杀病禽、可疑禽，严密封锁、彻底消毒等果断措施，尽快清除疫点、疫区，严防疫区扩大。对于受威胁区可采用国家定点生产的疫苗进行紧急接种，以形成免疫隔离带。

四、鸡痘

禽痘是由禽痘病毒引起的禽类的一种接触传染性疾病，通常分为皮肤型和黏膜型，前者多为皮肤尤以头部皮肤的痘疹，继而结痂、脱落为特征，后者可引起口腔和咽喉黏膜的纤维素性坏死性炎症，常形成假膜，故又名禽白喉，有的病禽两者可同时发生。

本病广泛分布于世界各国，特别是大型鸡场中更易流行。可使病禽生长迟缓，减少产蛋，若并发其他传染病、寄生虫病和卫生条件、营养状况不良时，也可引起大批死亡，尤其是对雏鸡，造成更严重的损失。

本病一年四季都能发生，多在秋季流行。秋季发生皮肤型鸡痘较多，冬季则以白喉型鸡痘较多见。在肉用鸡群中，夏季也常流行鸡痘。

（一）症状与病变

潜伏期4～8天，临床上根据发病部位分为皮肤型、黏膜型和混合型三种，偶见败血型。

（1）皮肤型　在头部皮肤、鸡冠、肉髯、眼睑、喙角及耳球等部位，有时也见于泄殖腔的周围、翼下、腹部及腿等无毛或少毛部位出现痘斑。典型发痘的过程顺序是红斑—痘疹（呈黄色）—糜烂（暗红色）—痂皮（巧克力色）—脱落—痊愈。病程可持续30天左右，一般无明显全身症状，如果有细菌感染，结节则形成化脓性病灶。雏鸡的症状较重，产蛋鸡产蛋减少或停止。

（2）黏膜型（白喉型）　多发生于小鸡和中鸡。病初为鼻炎症状，流黏液性鼻汁后转为脓性。2～3天在口腔、咽喉等处黏膜发生痘疹，初为圆形黄色斑点，逐渐扩大融合成一层黄白色的假膜覆盖（故称白喉型）。病鸡往往张口呼吸，发出"嘎嘎"

的声音。假膜不易剥落，强行撕脱留下易出血的溃疡。病鸡呼吸吞咽困难，严重时窒息死亡。如痘疹发生在眼及眶下窦，则眼睑肿胀，结膜上有多量脓性或纤维素性渗出物，甚至引起角膜炎而失明。

（3）混合型　皮肤和口腔黏膜同时发生病变，病情严重，死亡率高。

（二）防治

因本病无特效治疗药物，所以加强饲养管理，改善环境卫生条件，定期消毒等综合性措施，均对预防本病发生起重要作用。

在临床上常用鸡痘冻干苗或鸡痘鹌鹑化弱毒苗作预防接种，按说明书稀释后，用刺种针（或消毒过蘸水笔尖）蘸取疫苗液于翅内侧无血管处刺种（1月龄以内的雏鸡刺1下，其他日龄鸡刺2下）。刺后2～3天，观察刺种部位出现轻度红肿、结痂，说明免疫确实，一般2～3周后痂皮脱落，反之则无效，须重新接种。

发病后，临床上多采用土法治疗，如用痊愈的全血治疗，病鸡每只0.5mL/天，连用3天；发病鸡也可以紧急接种鸡痘疫苗。白喉型的可用镊子去掉口腔黏膜上的假膜，而后涂上碘甘油（碘化钾10g，碘片5g，甘油20mL，混匀，再加蒸馏水至100mL）或冰硼散，同时用抗病毒药饮水，用鸡痘散或鸡痘康拌料喂服大群，连用3～5天；治疗皮肤型鸡痘时，可在伤口上涂一些碘甘油或紫药水，除局部治疗外，每千克饲料加土霉素2g，连用5～7天，防止继发感染。

五、传染性支气管炎

传染性支气管炎是由传染性支气管炎病毒引起的鸡的一种急性、高度接触性呼吸道传染病。其特征是幼龄鸡咳嗽、喷嚏、气管发出啰音，产蛋鸡产蛋量下降，产软壳蛋、畸形蛋，以支气管下 1/3 处的炎症为主要病理变化，有的病型可见肾肿，有尿酸盐沉积；腺胃肿大或输卵管炎。

本病无季节性，传播迅速，几乎在同一时间内有接触史的易感鸡都发病。

（一）症状

潜伏期 36 小时或更长一些。突然出现呼吸病状，并迅速波及全群为本病特征。

4 周龄以下鸡常表现精神沉郁、嗜睡、喜蹲伏，食欲减退或不食，常挤在一起或在热源下面，呈特征性呼吸困难，半开嘴而频发喘息、咳嗽、气管啰音，个别鸡鼻窦肿胀，流黏性鼻汁，流眼泪，眶下窦肿胀，以 2 周龄以内的雏鸡表现特别明显，逐渐消瘦，康复鸡发育不良。

5～6 周龄以上的鸡，症状是啰音、气喘和微咳，同时伴有减食、沉郁或下痢病状。

成年鸡出现轻微呼吸道症状，产蛋鸡产蛋量下降，并产软壳蛋、畸形蛋和沙皮蛋。蛋的质量变差，如蛋白稀薄呈水样，蛋黄和蛋白分离以及蛋白粘着于壳膜表面等。

肾型毒株多感染 30 日龄左右的鸡，呼吸道症状轻微或不出现，呼吸症状消失后，病鸡沉郁、持续排白色粪便或水样下痢、迅速消瘦、饮水量增加。死亡率极高，严重者可达到 50% 以上。

20～80 日龄的鸡还易发生腺胃型传支，病初表现生长缓慢，继而精神不振，采食、饮水减少，并伴有拉稀和呼吸道症状，死亡率较高。

（二）病理变化

主要病变是气管、支气管，鼻腔和鼻窦内有浆液性、卡他性和干酪样渗出物。在死亡鸡的后段气管或支气管中可能有一种干酪性的栓子。在大的支气管周围可见到小灶性肺炎。

产蛋母鸡腹腔内，可发现液状卵黄物，卵泡充血、出血、变形，有时可见成年鸡卵巢功能旺盛，而输卵管发育异常或萎缩，致使成熟期不能正常产蛋。

肾型病变主要为肾脏肿大，内有白色尿酸盐沉积而呈斑驳状，称为"花斑肾"。肾小管和输尿管因尿酸盐沉积而扩张。在严重病例，白色尿酸盐沉积可见于其他组织器官表面。

腺胃型病变，除发病前期气管有黏液外，中后期腺胃显著肿胀如乒乓球，壁肥厚，腺胃黏膜、乳头极度肿胀，不规则出血。

（三）防制

一般免疫程序为 5～7 日龄首免，用 H120；25～30 日龄二免用 H52；种鸡于 120～140 日龄用油苗进行三免。弱毒苗可采用点眼（鼻）、饮水和气雾免疫，油苗可皮下注射。

肾型传支，弱毒苗有 W93、MA5 等。除此之外还有多价（2～3 个型毒株）油乳剂灭活苗，按 0.2～0.3mL/雏、0.5mL/成鸡皮下注射。

（四）治疗

本病尚无特效疗法，发病鸡群注意保暖、通风换气和鸡舍带鸡消毒，增加多种维生素饲用量。对于呼吸型传支，用清热解毒中药与广谱抗生素结合使用，5～7 天一个疗程，蛋鸡、种鸡发现病鸡后直接淘汰；对于肾型传支，在没有继发感染的情况下，尽可能少使用抗生素，尤其是对肾脏有损伤的药（庆大霉素、链霉素、卡那霉素、丁胺卡那霉素、二代头孢、磺胺类等）不能使用，同时以保肾护肝排毒为原则，减少饲料中蛋白和盐的摄入，补充多维电解质，并给予复方口服补液盐或含有柠檬酸盐、碳酸氢盐的复方制剂。对于腺胃型传支，死亡率极高，治疗无意义，一般不管症状轻重立刻淘汰，无害化处理，经济价值高的鸡，除按呼吸型传支治疗外，还可将禽球蛋白、止血敏、维生素 C 混合注射。

六、传染性喉气管炎

传染性喉气管炎是由传染性喉气管炎病毒引起的鸡急性呼吸道性传染病。主要特征是呼吸困难、咳嗽、咳出带血分泌物，主要病变为喉部和支气管上 1/3 处黏膜肿胀、出血并形成糜烂。该病传播快，死亡率较高。

本病通常突然暴发，并很快在鸡群中传播，感染率为 90%～100%，致死率 5%～70%，一般平均有 10%～20%。

不良的卫生和饲养管理，如鸡舍通风不佳，鸡群密度过大，维生素 A 缺乏，寄生虫感染及运输之后，都可诱发和促进本病的发生。

（一）症状

急性型通常于 4～5 天的潜伏期后，出现鼻漏，呼吸困难，抬头伸颈，喘鸣，咳嗽或摇头时咳出带血的黏液，此为本病的特征性症状。由于喉头、气管和嗉囊中积有渗出液和血液，常甩于鸡笼或墙壁上，在发病 4～5 天后窒息而死。检查口腔可见喉部黏膜上有淡黄色凝固物附着，不易擦去。病鸡迅速消瘦，鸡冠发紫，有时排绿色稀粪。

发病较缓和的鸡群其病状为生长迟缓，产蛋量下降，流泪，结膜炎，眶下窦肿胀，发病率仅为 2%～5%，病鸡多死于窒息。轻型的患鸡，表现精神沉郁，体重及产蛋量下降，持续性鼻漏和结膜炎，呼吸困难，喘鸣或咳嗽等。该型症状于 7～8 天达到高峰，很少持续 21～27 天以上。病程随病变的重轻而异，大多数病鸡一般在 10～14 天内症状消除。

（二）病理变化

剖检病变见于喉头和气管。急性型气管、鼻孔、咽腔处充满带血的黏液，喉头、气管中有时充满干酪样渗出物，特别是气管的上 1/3 处，病变最明显，而中下段则变化轻微，或者完全没有变化。当炎症向下扩展时，支气管、肺脏和气囊受害，也能上行至眶下窦。比较缓和的病例，仅见眼结膜充血、流泪和眶下窦充血、水肿。

（三）预防

坚持严格的隔离、消毒措施是防止本病流行的有效方法。因此，防止病鸡、带毒鸡与易感鸡接触。新购进的鸡应该严格检疫，用少量的易感鸡与其做接触感染试验，隔离观察2周，易感鸡若不发病，则证明引进鸡不带毒，方可混群。加强饲料管理，改善通风条件，控制其他疾病。

目前有两种疫苗可用于免疫接种。一种是弱毒苗，经点眼、滴鼻免疫，一般较安全。另一种是强毒苗，可涂擦于泄殖腔黏膜，但排毒的危险性很大，不常用。弱毒苗用于2周龄以上的鸡群，接种后1周可产生免疫力，70日龄再进行二免。也可于60～70日龄时进行首免，2～3月后再行二免，此时鸡群获得坚强而持久的免疫力。注意小鸡使用后，5%左右的鸡只易发生眼结膜炎。

需要注意的是无论疫苗毒力强弱，接种活苗后，鸡群仍可向外界排毒，所以活苗只能在疫区或发生过该病的地区使用，未受到本病威胁的鸡场应禁止使用。

（四）治疗

治疗方法主要是对症治疗。如用棉拭子或镊子取出病鸡喉部或气管的堵塞物并涂以碘甘油；也可以用氟苯尼考、红霉素、泰乐菌素、恩诺沙星等药物治疗，以防细菌继发感染；也可用中药进行治疗，提高机体抵抗力，对轻症病鸡也有治愈希望。

七、鸡马立克氏病

马立克氏病是最常见的一种鸡淋巴组织增生性疾病，以外周神经、性腺、虹膜、各种脏器、肌肉和皮肤的单核性细胞浸润为特征，是一种传染性较强的淋巴瘤性质的肿瘤疾病。

（一）症状及病变

本病的潜伏期较长且难以确定，受病毒的毒力、剂量、感染途径和鸡的遗传品系、年龄、性别的影响。多为早期感染，但2～20周龄为发病高峰，幼龄及老龄鸡少见发病。

（1）神经型　病鸡表现运动障碍，一只脚向前，另一脚向后，呈"劈叉"姿势（为本病的特征姿态）。翅下垂，低头歪颈，失声，嗉囊扩张，呼吸困难，拉稀。由于运动障碍易被发现，因此病鸡运动失调、步态异常是最早看到的症状。剖检坐骨神经、臂神经、迷走神经和腹神经等变粗，横纹消失，变为灰白色或黄白色，有时呈水肿样外观。病变常为单侧性，将两侧神经对比有助于诊断。

（2）内脏型　常见于70～100天的鸡。神经症状往往不明显，主要表现精神沉郁，不食，突然死亡。肝脏、心脏、肾脏、卵巢、脾脏、睾丸、腺胃等器官增生肿大，或有大小不等、形状不一的单个或多个灰白色或黄白色的肿瘤。法氏囊通常萎缩，而不形成肿瘤。

（3）眼型　一侧或两侧眼球虹膜受损害，虹膜正常色素消失，瞳孔收缩，边缘不整，呈同心环状或斑点状的灰白色，俗称灰眼症。

（4）皮肤型　最初见于颈部及两翅，随后遍及局部的皮肤，常见到毛囊形成小结节或瘤状物，特别是在脱毛的鸡体上最易看出。可见以毛囊为中心形成肿瘤，呈孤立的或整合的白色隆起的结节，表面为鳞片状棕色硬痂。

（二）防制

疫苗接种是防制本病的关键。鸡出壳后24小时内必须保证皮下注射疫苗，免疫期可达1年。

本病目前尚无有效疗法。有条件的种鸡场，应培育对本病有抗病力的品种；做好防疫卫生工作，加强检疫，发现病鸡立即隔离、淘汰；育雏阶段的幼鸡（因易感性强）必须与成年鸡分开饲养，以防止出雏室和育雏室早期感染；羽毛带毒多，注意处理；死鸡不能乱扔，鸡舍、孵化器和其他用具，要彻底清扫并用福尔马林熏蒸。

八、产蛋下降综合征

产蛋下降综合征是由禽腺病毒引起鸡以产蛋下降为特征的一种传染病，其主要表现为鸡群产蛋骤然下降，软壳蛋和畸形蛋增加，褐色蛋蛋壳颜色变淡。

（一）症状与病变

感染鸡无明显症状，主要表现为突然性群体产蛋下降，比正常下降20%～38%，甚至为50%。病初蛋壳的色泽变淡，紧接着产畸形蛋、粗壳蛋、薄壳蛋、软壳蛋，占15%以上。对受精率和孵化率没有影响，病程一般持续4～10周。

本病无明显病变，有时可见卵巢萎缩，子宫和输卵管黏膜出血和卡他性炎症。输卵管腺体水肿，单核细胞浸润，黏膜上皮细胞变性坏死，病变细胞中可见到核内包涵体。

（二）预防

本病主要是经卵垂直传播，所以应从非疫区鸡群中引种，引进种鸡要严格隔离饲养。严格执行兽医卫生措施，加强鸡场和孵化室消毒工作，在日粮配合中，必须注意氨基酸、维生素的平衡。

做好免疫接种，油佐剂灭活苗对鸡免疫接种起到良好的保护作用。鸡在110～130日龄进行免疫接种，发病疫区，开产前2～4周接种单价苗；重疫区，开产前4～6周和2～4周各免疫一次，均用单价苗。

（三）治疗

鸡群发病后可在饮水中加入禽用白细胞干扰素，供鸡自由饮用，连用 7~15 天。并使用抗生素防继发感染，也可使用中药促使产蛋率的恢复。

九、禽脑脊髓炎

禽脑脊髓炎是一种主要侵害幼龄鸡的病毒性传染病，以共济失调和快速震颤特别是头颈部的震颤为特征，故又称流行性震颤。垂直传播在本病毒的散播中起很重要的作用。

（一）临床症状

经胚胎感染的潜伏期为 1~7 天，而通过接触传播或经口感染时至少为 11 天。自然发病通常在 1~2 周龄，但出雏时也可发病。病鸡的最早临诊症状是目光呆滞，随后发生进行性共济失调，驱赶时很易发现。共济失调加重时，常坐于脚踝，驱赶时不能控制速度和步态，最终倒卧一侧。严重时可伴有衰弱的呻吟，这时头、颈的颤抖变得明显，其频率和幅度不定。刺激和骚扰可诱发病雏的颤抖，持续时间长短不一，并经不规则的间歇后再发。共济失调通常在颤抖之前出现，但有些病例仅有颤抖而无共济失调。共济失调通常发展到不能行走，随之疲乏、虚脱和最终死亡。少数出现临诊症状的鸡可存活，但其中部分发生失明。成年鸡感染可发生暂时性产蛋下降（5%~10%），但不出现神经症状。

（二）防治

种鸡群在生长期接种疫苗，保证其在性成熟后不被感染，以防止病毒通过蛋源传播，这是防制禽脑脊髓炎的有效措施。母源抗体还可在关键的 2~3 周龄内保护雏鸡不受脑脊髓炎病毒感染。疫苗接种也可防止蛋鸡群感染脑脊髓炎病毒所引起的暂时性产蛋下降。8 周龄后，或在开始产蛋之前至少 4 周，是接种疫苗的合适时间。

第二节　家禽细菌性疾病

一、鸡大肠杆菌病

鸡大肠杆菌病是由致病性埃希氏大肠杆菌引起的一种常见病。由于日龄不同、易感性不同，其表现形式多样，包括大肠杆菌性败血症、气囊炎、肝周炎、肿头综合征、腹膜炎、输卵管炎、全眼球炎、关节炎及脐炎等一系列疾病。该病是禽类胚胎和雏鸡死亡的主要原因之一。

本病一年四季均可发生，但以冬、夏季节多发，常与新城疫、禽流感、慢性呼吸道病等混合感染或继发感染。同时饲养管理、营养、应激因素与本病的发生密切相关。

（一）症状及病变

潜伏期从数小时至 3 天不等。根据症状及病变分为大肠杆菌败血症、卵黄性腹膜炎、输卵管炎、关节炎、肠炎、全眼球炎、大肠杆菌性肉芽肿、死胚、初生雏卵黄感染和脐炎等。

（1）败血症型　鸡、鸭中最常见，以 4～10 周龄雏鸡多发。最急性病例突然死亡，无典型病变。病程较长的主要表现呼吸道症状和腹泻，病死率 5%～10%，剖检可闻到特殊臭味，可见纤维素性心包炎，肝肿大呈铜绿色，表面有多量针尖大小的灰白色坏死灶，肠浆膜有出血点，少数病例腹腔有积液和血凝块。

（2）浆膜炎型　包括心包炎、肝周炎、卵黄性腹膜炎、气囊炎等，病变的共同特点是纤维素性渗出物增多，附着于浆膜表面，浆膜增厚以至与周围组织器官粘连。卵黄性腹膜炎主要发生在产蛋期的母鸡，肛门周围粘附蛋白和蛋黄状物，粪中含有黏性蛋白状物和黄白色凝块。剖检时腹腔有特殊气味，内有多量卵黄状物，卵泡变形、变性，有的破裂，腹腔脏器粘连，耐过者腹部下垂，产蛋减少或停止。

（3）胚胎及幼雏早期死亡型　由于蛋壳被粪便污染或产蛋母鸡患有大肠杆菌性卵巢炎或输卵管炎，致使鸡胚卵黄囊被感染，故鸡胚在孵出前，尤其是临出壳时即告死亡。受感染的卵黄囊内容物，从黄色黏稠物质变为干酪物，或变为黄色水样物。后期死亡的胚胎或孵出的雏鸡出现卵黄囊炎、脐炎或心包炎。

（二）预防

1. 加强管理

加强鸡群的饲养管理和育雏期管理，鸡群密度要适宜，冬季注意舍内保温，夏季防止潮湿，舍内通风换气良好，保持地面垫草、饲槽、饮水用具的卫生。

2. 保持种蛋卫生，加强育雏室的卫生消毒

清除种蛋的粪便污染，做好种蛋入孵前的熏蒸消毒工作，做好孵化室和孵化设备用具的消毒工作，及时清除死雏、破蛋、蛋壳和羽毛等污物，保持室内卫生；对育雏鸡舍，每周进行 1～2 次带鸡喷雾消毒，预防细菌经呼吸道感染。

3. 免疫注射

用针对本地（场）流行的大肠杆菌血清型制备的多价活苗或灭活苗接种种禽，可使雏鸡获得被动免疫。雏鸡每只注射 0.3mL，成鸡每只注射 0.5mL，可在 4 周龄和 18 周龄分别接种 1 次。

（三）治疗

近年来，在防治本病过程中发现，大肠杆菌对药物极易产生耐药性，如青霉素、链霉素、土霉素、四环素等抗生素几乎没有治疗作用。丁胺卡那、左氧氟沙星、庆大霉素、环丙沙星、林可霉素、新霉素等有较好的治疗效果，但对这些药物产生耐药性的菌株已经出现且有增多趋势。因此，在防治本病时，有条件的地

方应进行药敏试验选择敏感药物，如果不能作药敏试验，可选用上述敏感药物中的 1 种或 2 种药物进行治疗，能取得很好效果。

二、鸡白痢

鸡白痢是由鸡白痢沙门氏菌引起鸡的传染病。各品种的鸡对本病均有易感性，以 2～3 周龄内的雏鸡发病率和死亡率为最高，成年鸡呈慢性经过或隐性感染。

（一）症状及病变

本病潜伏期一般为 4～5 天。

雏鸡一般呈急性经过，发病高峰在 7～10 天，病程短的 1 天，一般为 4～7 天。以腹泻，排稀薄白色糊糊状粪便为特征，肛门周围的绒毛被粪便污染，干涸后封住肛门，影响排便，病鸡有痛苦的尖叫。有的发生失明或关节炎、跛行，病雏多因呼吸困难及心力衰竭而死。蛋内感染者表现死胚或弱胚，不能出壳或出壳后 1～2 天死亡，一般无特殊临床症状。4 周龄以上鸡病程较长，较少死亡，但生长迟缓，以白痢症状为主，呼吸症状较少。剖检胸腹腔可见肝脏肿大，上有大小不一、数量不等的坏死点，脾脏肿大。卵黄吸收不良，外观呈黄绿色，内容物稀薄。病程稍长者可见肺部有灰白色坏死结节。心包增厚，心脏上可见坏死或结节，略突出于脏器表面。肠道呈卡他性炎症，盲肠膨大。

育成鸡症状与幼雏相似，但腹泻明显，以拉稀，排黄色、黄白色或绿色稀粪为特征，病程较长。剖检特征的变化是肝脏肿大，有的肝脏较正常肝脏大 2～3 倍。暗红色至深紫色，有的略带土黄色，表面可见散在或弥漫性黄白色大小不一的坏死灶，质地极脆，易破裂，因此，常见有内出血变化，腹腔内积有大量血水，肝表面有较大的凝血块。肌胃上也经常可见与肝脏相同的坏死灶，肠道呈卡他性炎症。

成鸡多为隐性带菌，母鸡表现产蛋减少或停止。少数病鸡表现委顿，有的因输卵管伞炎症引起腹膜炎，腹部增大而呈"垂腹"现象。主要病变在生殖系统，成年母鸡最常见的变化是卵泡呈菜花状；有些母鸡的卵巢仅有少量接近成熟或成熟的卵子，已发育或正在发育的卵子变形、变色，有灰色、黄灰色、黄绿色、灰黑色等不正常颜色；有些卵泡坠入腹腔，引起广泛的腹膜炎及腹腔脏器粘连，常有心包炎。成年公鸡的病变常局限于睾丸及输精管，睾丸极度萎缩，有小脓肿，输精管管腔增大，充满稠密的均质渗出物。

（二）防制

1. 培育健康种鸡群

对种鸡群进行白痢定期检测，阳性率在1%以上时，每月检测1次，淘汰阳性鸡，直到无白痢阳性鸡出现为止；对健康鸡群，每年定期检测1~2次，淘汰阳性鸡。

2. 严把种蛋来源

种蛋必须来自无白痢的健康种鸡群，严格执行种蛋消毒制度，可选用甲醛熏蒸消毒。

3. 做好孵化室的卫生消毒工作

孵化室是感染鸡白痢的主要场所之一。每次孵化前后，都应把孵化器、蛋盘、出雏器、出雏盘等用具进行彻底消毒，并及时清除死胚、破蛋、粪便、蛋皮和羽毛等污物，使孵化室内经常保持清洁。

4. 加强雏鸡的饲养管理

育雏室应保持清洁卫生，室温应根据雏鸡日龄进行调整，饲槽和饮水器应及时清洗消毒，注意通风换气。

5. 药物防治

药物预防是控制本病的有效方法。出壳1~2天的雏鸡，可用0.01%高锰酸钾饮水，在易感日龄阶段用治疗药物的一半剂量混于饲料和饮水中。为防止长期应用单一的药物引起耐药菌株的出现，将各类敏感药物交替使用，如氟哌酸、氟苯尼考、土霉素、磺胺类药物等。

对病死鸡深埋或焚烧，场地、用具、鸡舍严格消毒，粪便等污物无害化处理。发病后可选用经药敏试验有效的抗生素，并辅以保肝、清肺、营养卵巢和输卵管等对症治疗方法。

三、鸡副伤寒

鸡副伤寒是指除了鸡白痢沙门氏菌和鸡伤寒沙门氏菌以外感染鸡的沙门氏菌所致疾病的总称。雏鸡多表现为急性热性败血症，可致大批死亡。成年鸡一般呈慢性经过或隐性感染。本病也能通过污染食物、饮水，引起人的中毒，因此，在公共卫生上有重要意义。

（一）症状及病变

潜伏期 12～18 小时，2 周龄以内的幼禽多呈急性败血症，日龄较大的禽呈亚急性、慢性或隐性经过。

卵内感染或孵化器内感染者，多在 1 周内发病死亡，有的在啄壳前或啄壳时死亡。多数病鸡表现嗜睡，垂头闭眼，翅下垂，绒毛蓬乱，怕冷聚堆，食欲减少，饮水增加，呈现白色水样下痢，肛门周围污染严重。病程 1～4 天。

（二）防制

防制本病主要依靠对孵化场和养禽场实施严格的卫生消毒和隔离措施，方法参照鸡白痢。由于本菌易产生耐药性，治疗时应进行药敏试验，选择敏感药物用于治疗。但病愈后的家禽长期带菌，不可留作种用。

人的沙门氏菌病由多种沙门氏菌引起，常由于吃入带有病菌的乳、肉、蛋及其制品而感染，发生食物中毒，表现急性胃肠炎症状。

四、传染性鼻炎

传染性鼻炎是由鸡副嗜血杆菌所引起鸡的急性或亚急性呼吸系统疾病。主要特征是流鼻涕、打喷嚏、面部肿胀、结膜发炎，鼻腔和窦腔黏膜发炎。主要危害育成鸡和产蛋鸡，可造成生长停滞，淘汰鸡增加，产蛋量下降。该病分布广，病程长，对养鸡业造成严重的经济损失。

本病的发生与诱因有关。如鸡群拥挤，不同年龄的鸡混群饲养，通风不良，鸡舍内闷热，氨气浓度高，或鸡舍寒冷潮湿，缺乏维生素 A，受寄生虫侵袭等都能促使鸡群严重发病。本病多发生于冬秋两季，这可能与气候和饲养管理条件有关。

（一）症状

潜伏期短，常于感染 1~3 天内出现症状。突出的临床症状是鸡的颜面肿胀，鼻孔有浆液性分泌物。病初鼻腔和鼻窦发生炎症，常仅表现鼻腔流出稀薄清液，后转为浆液黏性分泌物，打喷嚏。如炎症蔓延至呼吸道，则呼吸困难并有啰音。此外，有的病鸡结膜炎；有的食欲及饮水减少，或下痢，成年母鸡产蛋减少甚至停产；有的鸡冠、肉髯肿大。通常发病率高而病死率低，在一个鸡群内可反复感染。在一个鸡场该病一旦发生，往往很难根除。

（二）病理变化

除颜面肿胀、鼻炎、结膜炎外，很少具有内脏器官的特征性病变。当有继发感染时，使病情加重，甚至死亡，此时可见继发病的病理变化，如传染性支气管炎、传染性喉气管炎、慢性呼吸道病、大肠杆菌病、霍乱等。痊愈鸡有时颜面肿胀部位皮下留有硬痕，突出于表面，成为永久性肿物，改变了鸡的面貌，但不影响食欲和产蛋。

（三）防制

鸡场在平时应加强饲养管理，改善鸡舍通风条件，做好鸡舍内外的兽医卫生消毒工作，以及病毒性呼吸道疾病的防制工作，要进行带鸡消毒，避免密集饲养，饮水可用氯制剂消毒。

目前我国已研制出鸡传染性鼻炎油佐剂灭活苗，在常发地区可使用多价灭活苗佐剂菌苗，于3～5周龄和开产前分2次接种。

（四）治疗

发病鸡群免疫配合药物治疗，可以较快地控制本病。

一般用磺胺增效剂与其他磺胺类药物合用，或用2～3种磺胺类药物组成的联磺制剂均能取得较明显效果。如若鸡群食欲下降，经饲料给药，血中达不到有效浓度，治疗效果差，此时可考虑采取注射抗生素的办法同样可取得满意效果。也可选用链霉素或青霉素、链霉素合并应用，红霉素、土霉素及喹诺酮类药物也是常用的治疗药物。

五、禽霍乱

禽霍乱又叫禽出血性败血症，是由多杀性巴氏杆菌引起的禽类传染病，特征是急性型呈败血症和剧烈下痢；慢性型发生肉髯水肿和关节炎，以内脏器官和脂肪上出现急性出血，肝脏上有坏死灶为主要病变。

（一）病原

本病的病原是多杀性巴氏杆菌。该菌是革兰氏阴性、无鞭毛、无芽孢的小球杆菌，菌体两极染色。本菌抵抗力不强，在干燥空气中2～3天死亡，60℃20分钟可被杀死，在无菌蒸馏水或生理盐水中自溶死亡，多数消毒剂可迅速将其杀死。

本病的发生一般无明显的季节性，但以冷热交替、气候剧变、闷热、潮湿、多雨的时期发生较多。本病一般为散发性，家禽特别是鸭群发病时，多呈流行性。

（二）症状

（1）**最急性型**　常见于流行初期，以产蛋鸡常见，尤其是体肥、高产的母鸡。病鸡最常见突然发病死亡，或无明显病状，仅见倒地挣扎、拍翅、抽搐，经数分钟或数小时死亡。

（2）**急性型**　大多数病例为急性症状。病鸡体温高达43℃以上，精神不振，食欲减少，饮欲增加，羽毛松乱，弓背缩头，或藏于翅下，离群呆立，不愿走动。常有剧烈腹泻，粪便呈灰黄或深绿色。头冠、肉髯呈蓝紫色。呼吸困难，从口鼻流出淡黄色带泡沫的黏液，张口呼吸时，发出"咯咯"声。病程为1~3天。

（3）**慢性型**　多见于流行后期，以慢性呼吸道炎症和慢性胃肠炎较多见。病初呈鼻炎症状，逐渐消瘦，贫血，有关节炎及关节脓肿，切开有干酪样物质。病程可延续数周。

（三）病理变化

最急性型无特征性变化，有时仅在心脏冠状沟有少量出血点。

急性型常表现为各浆膜点状出血，尤其是冠状沟部明显。心包液增加，呈不透明的淡黄色。肝脏稍肿，呈棕色或黄棕色，质脆，表面有许多灰白色针尖大坏死灶。肌胃出血。肠道尤其是十二指肠呈卡他性或出血性炎症。脾脏无明显变化或稍肿大。

慢性型缺乏典型病变，多呈局限性感染，如鼻窦炎、肺炎、气囊炎、化脓性关节炎、肠炎、卵巢出血或卵黄破裂。

（四）预防

养禽场应建立和完善卫生消毒措施，定期进行禽场环境和禽舍的消毒，引进种禽时，必须从无病禽场购买。新引进的鸡、鸭等家禽要隔离饲养半个月，观察无病时方可混群饲养。发病时，及时封锁病禽舍，淘汰病禽，对假定健康群进行药物预防或紧急接种，病死鸡深埋或焚烧，对污染的环境和用具进行彻底消毒。

（五）治疗

青霉素、链霉素、土霉素、氟苯尼考、丁胺卡那及磺胺类药物等对本病均有较好的治疗效果。但巴氏杆菌在实际生产中存在一定的耐药性，因此最好根据药敏试验结果选用敏感的抗菌药物进行治疗。

禽霍乱菌苗的免疫效果不够理想。目前，普遍使用的禽霍乱氢氧化铝甲醛灭活苗保护率较低，免疫期为3个月，一般在10~12周龄首免，肌内注射2mL，16~18周龄再加强免疫一次。有条件的地区或养禽场，可用病禽肝脏做成禽霍乱组织灭活菌苗，一般是每只禽肌内注射2mL，也可从病死鸡分离出菌株，制成氢氧化铝甲醛菌苗用于当地禽霍乱的预防，免疫效果良好。

六、葡萄球菌病

鸡葡萄球菌病是由金黄色葡萄球菌引起的雏鸡传染病，表现化脓性关节炎、皮炎，常呈急性败血症。

本病一年四季均可发生，以雨季、潮湿时节发生较多。鸡的品种对本病发生有一定关系，虽然肉用鸡和蛋用鸡都可发生，在蛋用鸡中以轻型鸡发生较多，如来航白鸡等，黄褐色蛋用鸡的发生相对的少些，以40~60日龄的鸡发病最多。

（一）临床症状

本病可以急性或慢性发作，这取决于侵入鸡体血液中的细菌数量、毒力和卫生状况。

（1）急性败血型　病鸡出现全身症状，精神不振或沉郁，不爱跑动，常呆立一处或蹲伏，两翅下垂，缩颈，眼半闭呈嗜睡状。羽毛蓬松零乱，无光泽。病鸡饮欲、食欲减退或废绝。少部分病鸡下痢，排出灰白色或黄绿色稀粪。较为特征的症状是，捉住病鸡检查时，可见腹胸部，甚至波及嗉囊周围，大腿内侧皮下浮肿，潴留数量不等的血样渗出液体，外观呈紫色或紫褐色，有波动感，局部羽毛脱落，或用手一摸即可脱掉。其中有的病鸡可见自然破溃，流出茶色或紫红色液体，与周围羽毛粘连，局部污秽，有部分病鸡在头颈、翅膀背侧及腹面、翅尖、尾、脸、背及腿等不同部位的皮肤出现大小不等的出血、炎性坏死，局部干燥结痂，暗紫色，无毛；早期病例，局部皮下湿润，暗紫红色，溶血，糜烂。以上表现是葡萄球菌病常见的病型，多发生于中雏，病鸡在 2~5 天死亡，快者 1~2 天呈急性死亡。

（2）关节炎型　病鸡可见到关节炎症状，多个关节炎性肿胀，特别是趾、跖关节肿大为多见，呈紫红或紫黑色，有的见破溃，并结成污黑色痂。有的出现趾瘤，脚底肿大，有的趾尖发生坏死，黑紫色，较干涩。发生关节炎的病鸡表现跛行，不喜站立和走动，多伏卧，一般仍有饮欲、食欲，多因采食困难，饥饱不匀，病鸡逐渐消瘦，最后衰弱死亡，尤其在大群饲养时最为明显。此型病程多为 10 余天。有的病鸡趾端坏疽，干脱。如果发病鸡群有鸡痘流行时，部分病鸡还可见到鸡痘的病状。

（3）脐带炎型　是孵出不久雏鸡发生脐炎的一种葡萄球菌病的病型，对雏鸡造成一定危害。由于某些原因，鸡胚及新出壳的雏鸡脐环闭合不全，葡萄球菌感染后即可引起脐炎。病鸡除一般病状外，可见腹部膨大，脐孔发炎肿大，局部呈黄红紫黑色，质稍硬，有分泌物。饲养员常称为"大肚脐"。脐炎病鸡可在出壳后 2~5 天死亡。

（4）肺型　主要表现为全身症状及呼吸障碍。

（二）病理变化

（1）急性败血型　特征的肉眼变化是胸部的病变，可见死鸡胸部、前腹部羽毛稀少或脱毛，皮肤呈紫黑色浮肿，有的自然破溃则局部沾污。剪开皮肤可见整个胸、腹部皮下充血、溶血，呈弥漫性紫红色或黑红色，积有大量胶冻样粉红色或黄红色水肿液，水肿可延至两腿内侧、后腹部，前达嗉囊周围，但以胸部为多。同时，胸腹部甚至腿内侧见有散在出血斑点或条纹，特别是胸骨柄处肌肉弥散性出血斑或出血条纹为重，病程久者还可见轻度坏死。肝脏肿大，淡紫红色，有花纹或驳斑样变化，小叶明显。在病程稍长的病例，肝上还可见数量不等的白色坏死点。脾亦见肿大，紫红色，病程稍长者也有白色坏死点。腹腔脂肪、肌胃浆膜等处，有时可见紫红色水肿或出血。心包积液，呈黄红色半透明。心冠状沟脂肪及心外膜偶见出血。有的病例还见肠炎变化。法氏囊无明显变化。在发病过程中，也有少数病例无明显眼观病变，但可分离出病原。

（2）关节炎型　可见关节炎和滑膜炎。某些关节肿大，滑膜增厚，充血或出血，关节囊内有或多或少的浆液，或有浆性纤维素渗出物。病程较长的慢性病例，后变成干酪样坏死，甚至关节周围结缔组织增生及畸形。

（3）脐带炎型　幼雏以脐炎为主的病例，可见脐部肿大，紫红或紫黑色，有暗红色或黄红色液体，时间稍久则为脓样干酪坏死物。肝有出血点。卵黄吸收不良，呈黄红或黑灰色，液体状或内混絮状物。

（三）预防

葡萄球菌病是一种环境性疾病，为预防本病的发生，主要是做好经常性的预防工作。

（四）治疗

一旦鸡群发病，要立即全群给药治疗。据报道，金黄色葡萄球菌对新型青霉素耐药性低，特别是异噁唑类青霉素，应列为首选治疗药物。其他如红霉素、庆大霉素或卡那霉素等也可考虑合用或单用。

七、绿脓杆菌病

鸡绿脓杆菌病是由绿脓杆菌引起的雏鸡传染病，以拉稀、呼吸困难、皮下水肿为特征，治疗宜抗菌消炎。本病由革兰氏阴性的绿脓杆菌感染引起，主要危害 10 日龄内的雏鸡。本病近年来在各地时有发生，已成为威胁养鸡业发展的主要疾病之一。

（一）临床症状

病鸡主要表现吃食减少，精神不振；不同程度下痢，粪便水样，呈淡黄绿色，严重病鸡粪中带血；腹部膨大，手压柔软，病鸡后期呈腹式呼吸；有的病鸡眼周围发生不同程度水肿，水肿部破裂流出液体，形成痂皮，眼全闭或半闭，流泪；颈部皮下水肿，严重病鸡两腿内侧皮下也见水肿。

（二）病理变化

病鸡颈部、脐部皮下呈黄绿色胶冻样浸润，肌肉有出血点或出血斑。内脏器官不同程度充血、出血。肝脏脆而肿大，呈土黄色，有淡灰黄色小点坏死灶。胆囊充盈。肾脏肿大，表面有散在出血小点。肺脏充血，有的见出血点，肺小叶炎性病变，呈紫红色或大理石样变化。心冠脂肪出血，并有胶冻样浸润，心内、外膜有出血斑点。腺胃黏膜脱落，肌胃黏膜有出血斑，易于剥离，肠黏膜充血、出血严重。脾肿大，有出血小点。气囊混浊、增厚。

（三）防治

① 加强饲养管理，搞好卫生消毒工作。

② 应用抗生素治疗，根据药敏试验结果选择用药。多数报道认为，绿脓杆菌对庆大霉素、多黏菌素、羧苄青霉素和磺胺嘧啶敏感，用于治疗本病有效。

③ 绿脓杆菌对多数抗菌药物极易产生耐药性，有必要开发研制生物制品。

第三节 家禽寄生虫病

一、球虫病

鸡球虫病是由于肠道感染一种或多种艾美耳属的多种球虫所引起的一种急性寄生虫病，主要侵害雏鸡，以血痢、消瘦、贫血为主要特征。

北方多见于4~9月，7~8月为高峰期，南方、北方的密闭式现代化鸡场，一年四季均可发生，但以温暖潮湿的季节多发。鸡舍潮湿、拥挤、通风不良、饲料品质差、维生素A和维生素K缺乏，均能促使本病的发生和流行。

（一）症状及病理变化

（1）急性型 多见于雏鸡，病程为数天，多者2~3周。病雏血便、拉稀，血便是鸡球虫病最早、最容易发现的临床表现。开始时粪便干稀正常，略带少量血，随后拉稀带血，泄殖孔周围的羽毛被液体排泄物污染、粘连，最后可出现全拉血；随着血便和拉稀的出现，患鸡逐渐精神不佳，沉郁或闭目呆立，羽毛耸立，头蜷缩，食欲减退或废绝，饮欲增加，嗉囊积液，充满液体；后期由于自体中毒出现严重的神经症状，如运动失调、昏迷轻瘫、两脚外翻、直身或不断痉挛性收缩，多数发病后4~8天死亡，死亡率可达50%~80%。耐过鸡常常发育受阻。

主要病变在盲肠，可见一侧或两侧盲肠高度肿大，为正常的3~5倍，盲肠上皮变厚，有严重的糜烂，组织脱落，肠腔内充满暗红色凝血块和组织碎片形成的坚硬的"肠栓"，呈豆腐渣样或干酪样。

（2）慢性型 多见于4~6月龄以上的鸡。病程较长，持续数周到数月。症状较轻，有间歇性下痢，嗉囊积液，渐进性消瘦，足、翅轻瘫，产蛋减少，肉鸡生长缓慢，死亡率低。粪便带血，颜色发暗，腥臭。

主要损伤小肠中段，可见肠壁、肠黏膜上有明显的灰白色斑点状坏死病灶和小出血点相间，或呈弥漫性出血；小肠中部向后的肠腔中充满凝固的血液，使肠管在外观上呈淡红色或褐红色。症状较轻者，小肠内容物呈胡萝卜酱色。

（二）预防

加强饲养管理。除药物预防和免疫预防外，还应注意以下几方面的问题。

雏鸡与成年鸡分群饲养；保证全价饲料的供应，特别强调补充维生素 A；鸡舍要保持干燥、清洁、通风、光照与温度适宜，切记潮湿；保持合适的饲养密度；注意鸡舍和鸡群的环境卫生，每 2～3 天清扫粪便。

治疗和预防鸡的球虫病可用下列药物。

（1）氯苯胍　预防按 30～33mg/kg 饲料，混饲，连用 1～2 个月，治疗按 60～66mg/kg 饲料，混饲 3～7 天，后改预防量予以控制，休药期为 5 天。

（2）氯羟吡啶（克球粉，可爱丹）　混饲预防量为 125～150mg/kg 饲料，治疗量加倍，连用 5～7 天，育雏期连续给药，休药期为 5 天。

（3）氨丙啉　可混饲或饮水给药。混饲预防量为 100～125mg/kg 饲料，连用 2～4 周。应用本药期间，应控制维生素 B_1 的含量，以不超过 10mg/kg 饲料为宜，以免降低药效，无休药期。

（4）盐霉素　预防按 60～70mg/kg 饲料，混饲，无休药期。

（5）常山酮（速丹）　预防按 3mg/kg 饲料，混饲，连用至蛋鸡上笼，治疗用 6mg/kg 浓度混饲，连用 1 周，后改用预防量，休药期为 5 天。

（6）磺胺药　复方磺胺-5-甲氧嘧啶（SMD-TMD），按0.03%拌料，连用5~7天。

磺胺二甲氧嘧啶（SDM），预防量为0.0125%拌料，16周龄以下鸡可连续使用；治疗量为0.05%拌料，连用5-6天，或连用3天，停药2天，再用3天。

防治球虫病时，需要早诊断，早用药。药物使用时要穿梭用药、轮换用药、联合用药，以防产生耐药性。在治疗球虫病的同时，盲肠球虫和小肠球虫都能不同程度地引起肠道出血、发炎，易继发和并发其他疾病，从而加重病情和加大死亡率。所以在治疗时，应该配合使用止血和消炎的药物，能提高疗效，减少死亡。

二、组织滴虫病

组织滴虫病又名盲肠肝炎或黑头病，是鸡和火鸡的一种原虫病，由火鸡组织滴虫寄生于盲肠和肝脏引起，以肝的坏死和盲肠溃疡为特征，也发生于野雉、孔雀和鹌鹑等鸟类。

（一）临床症状

本病的潜伏期一般为15~20天。病火鸡精神委顿，食欲不振，缩头，羽毛松乱。头皮呈紫蓝色或黑色，所以叫黑头病。病情发展下去，患病火鸡精神沉郁，单个呆立在角落处，站立时双翼下垂，眼闭，头缩进躯体，卷入翅膀下，行走如踩高跷步态。

鸡很少呈现临床症状，病程通常有两种：一种是最急性病例，常见粪便带血或完全血便；另一种是慢性病例，患病火鸡排淡黄色或淡绿色粪便，这种情况鸡很少见。

（二）病理变化

组织滴虫病的损害常限于盲肠和肝脏，盲肠的一侧或两侧发炎、坏死，肠壁增厚或形成溃疡，有时盲肠穿孔、引起全身性腹膜炎，盲肠表面覆盖有黄色或黄灰色渗出物，并有特殊恶臭。有时这种黄灰绿色干酪样物充塞盲肠腔，呈多层的栓子样。外观呈明显的肿胀和混杂有红灰黄等颜色。肝出现颜色各异、不整圆形、稍有凹陷的溃疡灶，通常呈黄灰色，或是淡绿色。

（三）预防

严格做好禽群的卫生管理，饲养用具不得乱用，饲养人员不能串舍，免得互相传播疾病，及时检修供水器，定时移动饲料槽和饮水器的位置，以减少局部地区湿度过大和粪便堆积。用驱虫净定期驱除异刺线虫，用药量每千克体重 40～50mg。

（四）治疗

二甲硝咪唑：0.06% 混入饲料中连喂 7 天。

三、鸡住白细胞原虫病

住白细胞原虫病是由住白细胞原虫侵害血液和内脏器官的组织细胞而引起的一种原虫病。本病在我国南方比较严重，常呈地方性流行；近年来北方地区也陆续发生。本病对雏鸡危害严重，发病率高，症状明显，常引起大批死亡。

本病的发病季节与蠓、蚋等吸血昆虫活动的季节相一致。华东地区 6～10 月为发病季节，7～9 月为发病高峰期。各种年龄的鸡均可感染发病，幼雏和青年鸡易感性最高，病情最为严重。

（一）临床症状

自然感染时的潜伏期为 6～10 天。雏鸡的症状明显，死亡率高。病初发烧，食欲不振，精神沉郁，流口涎，下痢，粪便呈绿色，贫血，鸡冠和肉垂苍白，生长发育迟缓，两肢轻瘫，活动困难。感染 12～14 天，病鸡突然因咯血、呼吸困难而发生死亡。育成鸡和成年鸡感染后病情较轻，死亡率也较低，病鸡鸡冠苍白，消瘦，拉水样的白色或绿色稀粪，育成鸡发育受阻，成年鸡产蛋率下降，甚至停止产蛋。

（二）病理变化

死后剖检的主要特征是：鸡冠苍白，全身性皮下出血，肌肉（尤其是胸肌、腿肌、心肌）有大小不等的出血点；各内脏器官上有灰白色或稍带黄色的、针尖至粟粒大的、与周围组织有明显界限的白色小结节。

（三）预防

鸡住白细胞原虫的传播与库蠓和蚋的活动密切相关，因此消灭这些昆虫媒介是防治本病的重要环节。防止库蠓和蚋进入鸡舍，可用杀虫剂将它们杀灭在鸡舍及周围环境中，这对减少本病所造成的经济损失具有十分重要的意义。每隔 6 ~ 7 天用杀虫药进行喷雾，可收到很好的预防效果。

（四）治疗

当使用药物进行治疗时，一定要注意及时用药，治疗越早越好。最好是在疾病即将流行前或正在流行的初期进行药物预防，便可取得满意的防治效果。

在流行季节，在饲料中添加乙胺嘧啶（0.00025%）或磺胺喹噁啉（0.005%）有预防作用。除此之外，氯喹（0.001%）、盐酸二喹宁（每支 1mL，含药 0.25g，每只胸肌注射 0.25mL，每日一次连用数次）、磺胺二甲氧嘧啶（0.0025% ~ 0.0075%）混饲也有较好的防治效果。

在同一鸡场，为了防止药物耐药性的产生，可交替使用上述药物。

四、蛔虫病

鸡蛔虫病是一种常见的肠道寄生虫病。在大群饲养情况下，雏鸡常由于患蛔虫病而影响生长发育，严重的引起死亡。当剖解死鸡时，小肠内常发现大小如细豆芽样的线虫，堵塞肠道。虫体少则几条，多则数百条。肠黏膜发炎、水肿、充血。

（一）临床症状

幼鸡患病表现为食欲减退，生长迟缓，呆立少动，消瘦虚弱，黏膜苍白、羽毛松乱，两翅下垂，胸骨突出，下痢和便秘交替，有时粪便中有带血的黏液，以后逐渐消瘦而死亡。成年鸡一般为轻度感染，严重感染的表现为下痢、日渐消瘦、产蛋下降、蛋壳变薄。

（二）预防

做好鸡舍内外的清洁卫生工作，经常清除鸡粪及残余饲料，小面积地面可以用开水处理。料槽等用具经常清洗并且用开水消毒。

蛔虫卵在50℃以上很快死亡，粪便经堆沤发酵可以杀死虫卵，蛔虫卵在阴湿地方可以生存6个月。鸡群每年进行1~2次服药驱虫。

（三）治疗

驱虫可用驱蛔灵、噻苯唑、丙硫咪唑、左旋咪唑和伊维菌素等药物。

五、绦虫病

鸡绦虫病是由赖利属的多种绦虫寄生于鸡的十二指肠中引起的，常见的赖利绦虫有棘沟赖利绦虫、四角赖利绦虫和有轮赖利绦虫三种。各种年龄的鸡均能感染，其他如火鸡、雉鸡、珠鸡、孔雀等也可感染，17~40日龄的雏鸡易感性最强，死亡率也最高。

（一）临床症状

病鸡表现为下痢，粪便中有时混有血样黏液，排白色带有黏液和泡沫的稀粪，混有白色绦虫节片。轻度感染造成雏鸡发育受阻，成鸡产蛋量下降或停止。寄生绦虫量多时，可使肠管堵塞，肠内容物通过受阻，造成肠管破裂和引起腹膜炎。绦虫代谢产物可引起鸡体中毒，出现神经症状。病鸡食欲不振，精神沉郁，贫血，鸡冠和黏膜苍白，极度衰弱，两足常发生瘫痪，不能站立，最后因衰竭而死亡。

（二）病理变化

剖检可以从小肠内发现虫体。肠黏膜增厚，肠道有炎症、灰黄色的结节，中央凹陷，其内可找到虫体或黄褐色干酪样栓塞物。

① 脾脏肿大，肝脏肿大呈土黄色，往往出现脂肪变性，易碎，部分病例腹腔充满腹水。

② 小肠黏膜呈点状出血，严重者虫体阻塞肠道。

③ 部分病例肠道生成类似于结核病的灰黄色小结节。

④ 因长期处于自体中毒而出现营养衰竭和抗体产生抑制现象，成鸡往往还表现卵泡变性坏死等类似于新城疫的病理现象。

（三）预防

经常清扫鸡舍，及时清除鸡粪，做好防蝇灭虫工作。幼鸡与成鸡分开饲养，采用全进全出制。制止和控制中间宿主的滋生，饲料中添加环保型添加剂，在流行季节，饲料中长期添加环丙氨嗪（一般按 5g/t 全价饲料）。定期进行药物驱虫，建议在 60 日龄和 120 日龄各预防性驱虫一次。

（四）治疗

当禽类发生绦虫病时，必须立即对全群进行驱虫，常用的驱虫药有以下几种。

① 硫双二氯酚（别丁），鸡每千克体重 150～200mg，鸭每千克体重 200～300mg，以 1：30 的比例与饲料配合，一次投服。鸭对该药较为敏感。

② 氯硝柳胺（灭绦灵），鸡每千克体重 50～60mg，鸭每千克体重 100～150mg，一次投服。

③ 吡喹酮，鸡、鸭均按每千克体重 10～15mg，一次投服，

可驱除各种绦虫。

④ 丙硫苯咪唑, 鸡、鸭均按每千克体重 10 ~ 20mg, 一次投服。

⑤ 氟苯哒唑, 鸡按 3×10^{-5} 浓度混入饲料, 对棘沟赖利绦虫有效, 其驱虫率可达 92% 。

六、鸡羽虱病

鸡羽虱病是食毛虱寄生在鸡的羽毛上引起的疾病。食毛虱以啃食羽毛及皮屑为生。"鸡虱子"一年四季均可发生, 尤以夏季危害严重。当气温达到 25℃ 时, 每隔 6 天即可繁殖一代。通常"鸡虱子"于夜间侵袭鸡体, 待其吸足鸡血后, 又返回鸡舍内缝隙处躲藏。

(一) 症状

由于羽虱的寄生, 使禽类奇痒而不安静。羽虱以羽毛、绒毛及表面鳞屑为饲料, 使禽类羽毛断落不整齐, 原羽毛色泽差, 病禽逐渐消瘦、雏鸡生长发育受阻, 成年鸡产蛋量下降, 常见到体表羽毛上有肉眼看得见的小虫乱爬, 鸡常用喙或爪啄自己的毛, 造成羽毛断裂或脱落, 形成光腚鸡。轻者致鸡生长受阻, 产蛋减少或完全停产; 重者鸡冠苍白, 因失血过多而导致贫血死亡。

(二) 预防

加强引进动物的检疫, 杜绝虱进入新的同种动物中发病流行; 加强禽饲养管理, 做好清洁卫生和笼舍、用具、垫物消毒; 发现患病动物及时隔离治疗, 同时进行禽舍内环境消毒, 一般通过上述几次处理, 可控制和预防本病的发生和流行。

(三) 治疗

应采取综合性杀灭措施, 鸡体和环境同步进行。以下方法可供选用。

① 敌百虫 0.5% ~ 1% 溶液喷洒在体表羽毛上及笼舍消毒,

起到良好效果，可每天或隔天喷雾一次。

②20%速灭杀丁（又名杀灭菊酯、速灭菊酯），按1：10 000的比例稀释后，喷洒于鸡舍内外墙壁、栖架和产蛋箱等处。

③2.5%溴氰菊酯（敌杀死），按1：10 000的比例稀释后，进行鸡体药浴和喷洒鸡舍等处。

④10%氯氰菊酯（灭百可），按1：2 000的比例稀释后，进行鸡体药浴和喷洒鸡舍等处。

⑤阿维菌素或伊维菌素拌料，连用3天，停2天，再用3天。

第四节　家禽其他传染性疾病

家禽的传染性疾病还有很多，这里只介绍支原体引起的慢性呼吸道病。

鸡慢性呼吸道病是指由鸡毒支原体引起的各种日龄鸡的一种呼吸道疾病，主要以呼吸时发出啰音，咳嗽、流鼻涕和窦部肿胀为特征。幼鸡生长发育不良，母鸡产蛋减少，病程较长，易复发，是危害蛋鸡业的常发病。

本病一年四季均可发生，但以寒冬及早春最严重，一般本病在鸡群中传播较为缓慢，但在新发病的鸡群中传播较快。一般发病率高，死亡率低。

（一）临床症状

幼龄鸡发病时，症状较典型。初期仅表现轻微的呼吸道症状。由于饲养管理不良或呼吸道病混合感染时，呼吸音变粗砺，尤其是夜间查群时，可听到少数鸡的喘鸣声。随着病情的发展，病鸡食欲、饮欲降低，咳嗽、喷嚏、甩鼻，并流出泡沫样灰白色黏液。当炎症蔓延至下呼吸道时，喘气和咳嗽更为显著，并有呼吸道啰音，眼充血，眼睑、眶下窦肿胀，严重时眼睛张不开，生长发育迟缓，消瘦。

该病病程较长，可达 1 个月以上。幼鸡如无并发症，病死率较低，成年鸡症状较缓和，多为隐性感染。

（二）病理变化

病鸡明显消瘦。单纯感染鸡毒支原体的病鸡，可见鼻道、气管和支气管内含有混浊黏稠或干酪样渗出物，胸气囊增厚、混浊，呈灰白色云雾状，腹气囊常积有白色泡沫样物，严重时常有干酪样物，腭裂及窦腔内充满黏液和干酪样物，严重可涉及肺和气囊，可见肺门区有灰红色肺炎病灶。自然感染的病例多为混合感染。如与大肠杆菌混合感染，则见有大肠杆菌病的病理特征（心包炎、肝周炎等）。

（三）预防

尚无安全有效的理想疫苗。所以改善和加强饲养管理，减少以至避免各种应激因素，成为预防本病的重要措施。

定期检疫，淘汰阳性鸡，建立无病鸡群；引进种鸡、苗鸡、种蛋时需从确实无病的鸡场购入，并严格隔离制度。平时应注意加强饲养管理，要求鸡舍内鸡群密度不宜过高，通风透光良好，能防寒湿，饲料配合应恰当，并且应做定期驱虫和隔离消毒工作。

（四）治疗

喹诺酮类（左旋氧氟沙星、氧氟沙星、环丙沙星等），大环内酯类（替米考星、泰乐菌素、红霉素、罗红霉素等）和四环素类（强力霉素、土霉素等）对本病均有良好的治疗效果，链霉素、土霉素效果较好，红霉素疗效次之。

① 链霉素按每千克饮水中加 100 万 IU，连用 5~7 天，重症者逐只注射；北里霉素，按每千克饮水中加 0.5g，连用 5 天。

② 复方泰乐霉素按每千克饮水中加 2g，连用 5 天；大群治

疗时，可在每千克饲料中添加土霉素 1～2g，充分混合，连喂 1
周。特别是症状较轻的鸡，效果明显。

治疗中要注意联合用药或交替用药，用药剂量要足，但持续
使用时间不可过长，一个疗程 7 天为宜。

第五节　家禽营养代谢病

营养代谢病是营养性疾病和代谢紊乱性疾病的总称。家禽在
生长发育过程中，需要从饲料中摄取适当数量和质量的营养，任
何营养物质的缺乏或过量和代谢失常，均可造成机体内某些营养
物质代谢过程的障碍，由此而引起的疾病，称为营养代谢病。家
禽营养代谢病主要包括三大类：

第一类：维生素缺乏及其代谢障碍疾病。

第二类：矿物质元素缺乏及代谢障碍疾病。

第三类：蛋白质、糖、脂肪代谢障碍疾病。

一、维生素缺乏及其代谢障碍疾病

（一）维生素 A 缺乏症

维生素 A 是保持鸡正常生长、最佳视力和黏膜完整必不可少
的物质。如果饲料中维生素 A 含量不足，就会发生维生素 A 缺
乏症。

1. 症状及病变

初生雏鸡因种鸡维生素 A 缺乏，出壳后出现眼炎或失明，
2～3 周龄雏鸡出现症状，4～5 周龄雏鸡大批死亡。其主要表现
为生长停滞，瘦弱，运动失调，喙和小腿部皮肤黄色消失。流
泪，眼睑内有干酪样物蓄积。干眼病几乎是维生素 A 缺乏的固定
症状。成年鸡缺乏时出现消瘦，衰弱，羽毛松乱，腿和喙黄色消
失，鼻孔、眼有水样分泌物，并逐渐浓稠变为牛乳样，上下眼睑

被分泌物粘连，产蛋率、孵化率降低，公鸡精液品质下降。剖检口腔、咽、食道及嗉囊的黏膜表面有许多白色小结节，有时可融合成一层白色假膜。肾脏有多量尿酸盐沉积。

2. 防治

预防发生本病，主要注意饲料配合。饲料中应补充丰富的维生素 A 和胡萝卜素饲料，如鱼肝油、胡萝卜、黄玉米、南瓜、苜蓿等。正常情况下，每千克饲料最低添加剂量为雏鸡和青年鸡 1 500IU，肉用仔鸡 2 700IU，产蛋鸡和种鸡为 4 000IU。生产实践中考虑到诸多应激因素，推荐维生素 A 的补充量为每千克饲料中雏鸡 1.2 万 ~ 1.5 万 IU，育成鸡 0.8 万 ~ 1 万 IU，产蛋鸡 1 万 ~ 1.25 万 IU，种鸡 1.25 万 ~ 1.5 万 IU，肉用仔鸡 1 万 ~ 1.2 万 IU。

发生缺乏症时，可在每千克饲料中添加鱼肝油 5mL，连用 10 ~ 15 天，同时每吨饲料的多种维生素用量可增加到 500g。如能在饲料中再补加一定量的维生素 E 和维生素 C 效果会更明显。

（二）维生素 D 缺乏症

维生素 D 参与维持血钙和血磷浓度，维持骨骼的正常钙化。缺乏维生素 D 时，血中钙和磷的含量下降，钙、磷比例失调，使骨骼不能正常钙化，蛋壳不能正常形成，从而出现一系列缺钙、缺磷的症状。

1. 症状及病变

本病的发生早晚由饲料中维生素 D 和钙的缺乏程度，以及种蛋内维生素 D 和钙的贮存量多少而定。雏鸡最初的症状是腿部无力，不爱走动或走路不稳，常以飞节着地行走；中、后期喙、趾软而易弯曲，龙骨变形；生长迟缓或完全停止，肋硬软骨交界处"串珠"状增生。

产蛋鸡缺乏维生素 D，首先是薄壳蛋和软壳蛋数量明显增加，之后产蛋率急剧下降。有些鸡出现暂时的双脚无力而瘫痪，经太阳晒一段时间后，可自行恢复。长时间缺乏，喙、趾变软，龙骨变形，长骨易骨折，关节肿胀。

2. 防治

注意饲料合理配合和购买质量可靠的维生素添加剂。在舍饲条件下，鸡所需的维生素 D 主要来源于维生素 D₃ 的添加。

出现病症时，应及时分析原因，可化验一下饲料维生素 D、钙、磷含量，因为钙、磷比例失调，也会引发此病。及时调整饲料，并对全群进行预防性治疗。

每千克饲料添加鱼肝油 $10 \sim 20 \text{mL}$，同时将 AD₃ 粉添加量加倍，持续一段时间，一般 $2 \sim 3$ 周可收到较好效果。对骨骼严重变形或骨折的病鸡，应予淘汰。

（三）硒和维生素 E 缺乏症

在动物机体内，硒和维生素 E 的作用密切相关。二者共同作用可使细胞的膜系统氧化损伤降低。硒和维生素 E 的缺乏必然造成机体的抗氧化机能障碍，从而导致骨骼肌、心肌、肝脏、血液、脑、胰腺的病变和生长发育、繁殖等功能障碍综合征。主要表现为脑软化症、渗出性素质、白肌病和胰腺营养性萎缩。饲料本身含硒不足、微量元素添加剂的质量低劣、维生素 E 不稳定等都可以引起本病发生。

1. 症状及病变

本病主要发生于雏鸡，表现为小脑软化症、白肌病及渗出性素质。

（1）小脑软化症　病雏表现为运动共济失调，头向下弯缩或向一侧扭转，也有的向后仰，步态不稳，时而向前或向侧面倾斜，两腿阵发性痉挛或抽搐，翅膀和腿不完全麻痹，腿向两侧分开，有的以跗关节着地行走，倒地后难以站起，最后衰竭死亡。剖检可见小脑软化及肿胀，脑膜水肿，有时有出血斑点，小脑表面常有散在的出血点或灰白色弥漫性脑坏死区。严重病例，可见小脑质软变形，甚至软不成形，切开时流出乳糜状液体，轻者一般无肉眼可见变化。

（2）白肌病（肌肉营养障碍）　主要是由于缺乏维生素E的同时伴有含硫氨基酸缺乏时表现出的严重病症。病鸡消瘦、无力、运动失调，病理变化主要表现在骨骼肌特别是胸肌、腿肌，因营养不良而呈苍白色，肌肉变性，似煮肉样，呈灰白色或黄白色的点状、条状、片状不等，横断面有灰白色、淡黄色斑纹，质地变脆、变软，心内、外膜有黄白色或灰白色与肌纤维方向平行的条纹斑，有出血点。肌胃切面呈深红色夹杂黄白色条纹。

（3）渗出性素质　病雏颈、胸、腹部皮下水肿，呈紫色或蓝绿色，腹部皮下蓄积大量液体，穿刺流出一种淡蓝绿色黏性液体，胸部和腿部肌肉、胸壁有出血斑点，心包积液和扩张。

2. 防治

本病预防的关键是补硒。缺硒地区需要补硒，本地区不缺硒但是饲料来源于缺硒地区也要补硒，各种日龄鸡对硒的需求量均为饲料中含有 0.1mg/kg 饲料，硒的作用在很多方面与维生素E有密切关系，饲料中维生素E含量与机体对硒的需求量密切相关，两者之一缺乏，对另一种的需求量提高。因此要注意两者的同时添加，要避免饲料因受高温、潮湿、长期贮存或受霉菌污染而造成维生素E的损失。

对于发病鸡群采取以下措施。

① 可添加亚硒酸钠和维生素E的混合制剂进行治疗。每 20kg 水加入 0.005% 亚硒酸钠-维生素E注射液 10mL，连用 3～5 天，对于重症病鸡也可肌内注射，每只鸡 0.2～0.5mL，隔天注射，连用 2～3 次效果较好。

② 硒的添加剂量为 0.1mg/kg 饲料，维生素E的添加剂量为 10IU/kg 饲料。

③ 渗出性素质可按亚硒酸钠每千克饮水 1mg，饮用 1～2 天，

效果显著。

（四）维生素 B_1 缺乏症

维生素 B_1 又名硫胺素。维生素 B_1 作为 α-酮酸氧化脱羧酶体系中的辅酶，缺乏后可致酮酸蓄积。因为糖是神经系统的主要能源物质，所以鸡表现为特有的神经症状，如强直痉挛、抽搐、角弓反张、运动失调等；另外，维生素 B_1 作为胆碱酯酶的特异性抑制剂，其缺乏必然造成植物性神经和躯体运动神经系统的功能障碍，而表现为食欲不振、消化不良、肌肉无力等症状。

1. 病因

长期饲喂缺乏糠麸类饲料；饲料中混有碱性物质；家禽因消化道病使维生素 B_1 吸收能力差。

2. 症状及病变

雏鸡缺乏维生素 B_1 多在 2 周龄前发病，即出现症状，多为突然发病。病初腿软无力，继而出现多发性神经炎，腿、翅、颈的伸肌痉挛，头颈向后极度弯曲，呈特异的"观星"姿势；成年鸡症状较轻，常为逐渐发病，一般维生素 B_1 缺乏 3 周后出现症状，病鸡厌食、体重减轻，鸡冠常呈蓝色，逐渐发展为多发性神经炎，产蛋孵化率降低。

剖检可见慢性型的鸡发生生殖器官萎缩，胃肠壁松弛或萎缩。

3. 防治

（1）补充维生素 B_1　按每千克饲料补充 2～3mg。在供给全价料，适当选用富含维生素 B_1 的饲料，如各种谷类、麸皮和酵母等前提下，要合理添加维生素 B_1。

（2）患鸡对症治疗　按每千克添加 20mg 的维生素 B_1，连用 1～2 周。重症可肌注维生素 B_1，雏鸡每次 1mg，每日两次；成年鸡每次 5mg，连用数日，治疗期间多种维生素添加量可提高到每吨料 500g。

（五）维生素 B_2 缺乏症

维生素 B_2 又名核黄素，参与碳水化合物、蛋白质、核酸和脂肪的代谢。维生素 B_2 缺乏必然造成体内生物氧化、能量供给等方面的代谢障碍，而出现一系列缺乏症。

1. 病因

饲料补充核黄素不足，饲喂高脂肪低蛋白的饲料及动物处于低温状态时，核黄素需要量增加；药物的拮抗作用，如氯丙嗪等影响维生素 B_2 的利用；胃肠道疾病影响核黄素的转化吸收。

2. 症状及病变

育雏期多发生在 2~3 周龄，生长缓慢，消瘦，皮肤干而粗糙，腹泻，特征性的症状为脚趾向内卷曲成拳状的"卷爪"麻痹症，中趾尤为明显；成年鸡缺乏时也有"卷爪"症状，产蛋率和种蛋孵化率下降，蛋白稀薄。

剖检后可见两侧坐骨神经和臂神经显著肿大、变软，有时比正常粗 4~5 倍，两侧迷走神经也有肿大现象；肝脏肿大，含脂肪较多；肠道内有多量泡沫样内容物。

3. 防治

① 应用全价配合饲料饲喂鸡群，注意选用一些富含维生素 B_2 的饲料，如动物肝脏、酵母、糠麸等；根据鸡不同的生长阶段，在饲料中添加维生素 B_2。

② 大群治疗病鸡时，按每千克饲料中添加 20mg，连用 2 周，同时适当增加多种维生素的添加量。

二、矿物质元素缺乏及代谢障碍疾病

（一）钙、磷缺乏症

家禽饲料中钙磷缺乏或比例失调是骨营养不良的主要病因，不仅影响幼禽骨骼的形成、成年母禽蛋壳的形成，而且影响家禽体内酸碱平衡、神经和肌肉正常功能的发挥。

1. 病因

① 日粮中钙、磷缺乏或钙磷比例失调。

② 维生素 D 不足，钙磷吸收障碍。

③ 日粮中蛋白质或脂肪、植酸盐过多，以及环境温度过高，运动少，日照不足等，有可能成为致病因素。

2. 临床症状

早期可见家禽喜欢蹲伏、不愿走动、食欲不振、异嗜、生长缓慢等症状。幼禽的喙与爪变得容易弯曲，肋骨末端成念珠状小结节，跗关节肿大，蹲卧或跛行，有的拉稀。成年鸡主要表现在产蛋期，初期产薄壳蛋、软皮蛋，产蛋量下降，蛋的孵化率也显著降低。后期病鸡胸骨呈"S"状弯曲。

剖检后可见全身骨骼不同程度的肿胀，骨体容易折断，骨密质变薄，骨髓腔变大。肋骨变形，胸骨呈"S"状弯曲，骨质软。关节面软骨肿胀，有的有较大的软骨缺失或纤维样物附着。

3. 防治

① 预防为主。首先要保证家禽日粮中钙磷的供给量，其次要调整好钙、磷的比例。对于舍饲笼养家禽要保证足够的日光照射。

② 要早期诊断。通过血磷、血钙浓度的测定并配合骨骼 X 射线检测，可以早期诊断，尽快采取措施防治本病，避免巨大经济损失。

③ 一般在日粮中以补充骨粉、贝壳粉、鱼粉防治本病疗效较好。若日粮中钙多磷少，则在补钙的同时重点补充磷酸氢钙、过磷酸钙等。若钙少磷多，则主要补钙。另外，对病禽加喂鱼肝油或补充维生素 D_3。

（二）锰缺乏症

锰是鸡生长繁殖所必需的微量元素，对骨骼生长、蛋壳形成、胚胎发育及能量代谢都具有重要作用。

1. 症状及病变

本病以雏鸡多发，常见于 2～10 周龄的鸡，以 2～6 周龄的鸡最严重，病雏表现为生长受阻，骨骼畸形，跗关节肿大和变形，胫骨扭转、弯曲，长骨短缩变粗以及腓肠肌腱从其踝部滑脱。腿垂直外翻，不能站立和行走。成年鸡产蛋量显著减少，蛋壳薄易破碎，种蛋入孵后在出雏前 1～2 天胚胎大批死亡。鸡胚的软骨营养不良，腿变短而粗，翅膀变短，头呈圆球状，腹部突出，胚体明显水肿。即使能够孵出雏鸡，这种雏鸡常表现神经机能障碍、运动失调和骨头变短等症状。

本病与骨软病的区别是骨软病的病鸡骨骼钙化不全，骨质柔软，而本病虽然骨骼变形，但钙化完全，骨质坚硬。

2. 防治

注意饲料配合，骨粉、玉米不宜过量，矿物质和营养成分的比例要适当，补充维生素含量丰富的饲料。雏鸡（0～8 周）饲料中的需要量为 55mg/kg 饲料，育成鸡（8～18 周）饲料中的需要量为 25mg/kg 饲料，产蛋鸡饲料中的需要量为 25mg/kg 饲料，种鸡饲料中的需要量为 33mg/kg 饲料。

出现锰缺乏症病鸡时，可以在每千克饲料中添加硫酸锰0.1～0.2g，或是用 1∶20 000 倍的高锰酸钾溶液代替饮水，每天更换 2～3 次，连喂 2 天，停 2～3 天，以后再喂 2 天。对腿骨变形严重者，应予以淘汰。

三、蛋白质、糖、脂肪代谢障碍疾病

（一）痛风

家禽痛风是一种蛋白质代谢障碍引起的高尿酸血症。其病理特征为血液尿酸水平增高，尿酸盐在关节囊、关节软骨、内脏、肾小管及输尿管中沉积。临诊表现为运动迟缓，腿、翅关节肿胀，厌食、衰弱和腹泻。

1. 病因

① 大量饲喂富含核蛋白和嘌呤碱的蛋白质饲料。如动物内脏、肉屑、鱼粉、大豆、豌豆等。有两位学者曾在火鸡的饲料加入去脂肪的马肉和 5% 尿素，使饲料中蛋白质含量达 40%，结果产生了痛风；又有人试验，当日粮中蛋白质含量占 38% 时，也引起幼火鸡的痛风，而把蛋白质的含量降至 20% 时，痛风则停止发病，病火鸡逐渐康复。

② 饲料含钙或镁过高。如用蛋鸡料喂肉鸡、饲喂含镁量过高的石粉，都可引起痛风。

③ 日粮中长期缺乏维生素 A，可发生痛风性肾炎，病鸡呈现明显的痛风症状。若是种鸡，所产的蛋孵化出的雏鸡往往易患痛风，在 20 日龄时即提前出现病症，而一般是在 110～120 日龄。如当母鸭维生素 A 缺乏时，喂以多量的动物性饲料后，其鸭胚即呈现明显的痛风病变。

④ 肾功能不全可使尿酸排泄障碍，导致痛风。如磺胺类药中毒，引起肾损害和结晶的沉淀；慢性铅中毒、石炭酸、汞、草酸、霉玉米等中毒，引起肾病；家禽患肾病变型传染性支气管炎、传染性法氏囊病、鸡产蛋下降综合征等传染病；患雏鸡白痢、球虫病、盲肠肝炎等寄生虫病；以及患淋巴性白血病、单核细胞增多症和长期消化紊乱等疾病过程，都可能继发或并发痛风。

⑤ 饲养在潮湿和阴暗的畜舍、密集的管理、运动不足、日粮中维生素缺乏和衰老等因素皆可能成为促进本病发生的诱因。另外，遗传因素也是致病原因之一，如新汉普夏鸡就有关节痛风的遗传因子。

2. 症状及病变

（1）一般症状　病禽食欲减退，逐渐消瘦，冠苍白，不自主地排出白色半黏液状稀粪，含有多量的尿酸盐。成年母鸡产蛋量减少或停止。

（2）内脏型痛风　比较多见，但临诊上通常不易被发现。主要呈现营养障碍、腹泻和血液中尿酸水平增高。死后剖检的主要病理变化，在胸膜、腹膜、肺、心包、肝、脾、肾、肠及肠系膜的表面散布许多石灰样的白色尖屑状或絮状物质，此为尿酸钠结晶。有些病例还并发有关节型痛风。

（3）关节型痛风　多在趾前关节、趾关节发病，也可侵害腕前、腕及肘关节。病禽往往呈蹲坐或独肢站立姿势，行动迟缓，跛行。剖检时切开肿胀关节，可流出浓厚、白色黏稠的液体，滑液内含有大量由尿酸、尿酸铵、尿酸钙形成的结晶，沉着物常形成一种所谓"痛风石"。

3. 防治

本病目前尚没有特别有效治疗方法。

① 可试用阿托方（又名苯基喹啉羟酸）0.2~0.5g，每日2次，口服。但伴有肝、肾疾病时禁止使用。

② 试用别嘌呤醇（7-碳-8-氯次黄嘌呤）10~30mg，每日2次，口服。

③ 给予秋水仙碱，剂量为每千克体重50~100mg，每日3次，能使症状缓解。

④ 在鸡的饮水中加入碳酸氢钠，配成0.1%~0.5%的饮水，加入适量的电解质和多种维生素等，可改善症状，减少发病率和死亡率。同时市售肾肿消、肾肿解毒药等也有一定的效果。

总之，本病必须以预防为主，积极改善饲养管理，减少富含核蛋白日粮，改变饲料配合比例，供给富含维生素A的饲料等措施，可防止或降低本病的发病率。

（二）脂肪肝（FLHS）

脂肪肝综合征（FLS）是一种营养代谢性疾病，又称脂肪肝出血综合征（FLHS），发病后往往需经较长时间的治疗才可见效，这样往往造成较大的经济损失，故临床上应以预防为主，发病后辅以药物治疗。

1. 蛋鸡脂肪肝出血综合征

（1）病因

① 遗传因素。不同品种、品系的鸡对 FLHS 的敏感性不同。

② 营养因素。过高的能量摄入可引起肝脏脂肪蓄积，这和过量的碳水化合物通过糖原异生转化为脂肪有关。能量蛋白比高的日粮可显著诱发 FLHS，同时还和能量饲料原料的种类有关，以玉米为主的基础日粮，其发病率高于以小麦、黑麦等为主的基础日粮。同时还和蛋白质的种类、矿物质元素、维生素的含量有关。

③ 应激。任何形式的应激如突然停电、惊吓、接种疫苗等都有可能是 FLHS 的诱因。应激可以增加皮质酮的分泌，刺激糖原异生，促进脂肪的合成。

④ 温度。环境温度升高可使能量需要减少，从而脂肪分解减少。从冬季到夏季的温度变化，可能引起摄入调节紊乱，导致脂肪大量沉积。

⑤ 饲养方式。笼养是一个重要的因素，笼养限制了鸡的运动，使其活动减少，过多的能量转化成脂肪。

⑥ 毒物或毒素。日粮中的黄曲霉毒素，菜籽饼粕中的硫葡萄糖苷，也是原因之一。

（2）症状及病变　本病无特征症状，只表现为过度肥胖。病鸡腹下可以摸到厚实的脂肪组织。病鸡冠和肉髯色淡或发绀，继而变黄、萎缩，精神萎靡，多伏卧少运动。有些鸡食欲下降，粪便呈黄绿色水样。剖检后在皮下、腹腔及肠系膜可见大量脂肪沉积。肝脏肿大，边缘钝圆，表面有出血点和白色坏死灶、质脆易碎，切面有脂肪滴附着。有的由于肝破裂而发生内出血，肝脏周围有大小不等的血凝块。心肌变性呈黄白色。肾微黄色。脾、心、肠道有程度不同的小出血点。

（3）防治　无特效治疗方法。一般在饲料中添加足够的胆碱（1kg/t）、叶酸、生物素、核黄素、吡哆醇、泛酸、维生素 E（1 万 IU/t）、硒（1mg/kg）、干酒糟、酵母等。同时可以调整日粮的能量蛋白比例，控制高能物质的供给，适当地限制饲喂，控制饲养密度，减少应激。

2. 肉鸡脂肪肝出血综合征

（1）病因

① 生物素缺乏。生物素缺乏被认为是本病发生的主要原因。本病存在低血糖症，表明糖原异生作用降低，而生物素在糖原异生的代谢途径中是一种辅助因子。

② 脂肪和蛋白质比例。饲料中蛋白质比例过高，与能值不匹配，可造成脂肪过量沉积。

③ 应激因素。饲料中可利用的生物素含量处于临界水平时，突然中断饲料供给，或因捕捉、雷鸣、惊吓、噪声、高温、寒冷、光照不足等都可促进本病发生。

（2）症状及病变　本病一般见于生长良好的 10～30 日龄的肉仔鸡，发病突然，嗜睡，麻痹由胸部向颈部蔓延，几小时内死亡。有些病例呈现生物素缺乏症的症状，如羽毛生长不良，干燥变脆，喙周围皮炎，足趾干裂等。剖检后可见肝脏苍白、肿胀，在肝小叶周围有小的出血点，肾肿胀，颜色各异，脂肪组织呈淡粉红色，嗉囊、肌胃和十二指肠内有黑棕色出血性液体，恶臭。心脏呈苍白色。

（3）防治　立即停喂原来的饲料，重新核定配方。改用全价饲料或将自配料的蛋白质降低，以减轻肾脏负担，并适当控制饲料中钙磷比例。同时进行对症治疗，如保肝、保护胃肠道黏膜等。

第六节　家禽中毒性疾病

家禽中毒病是指有毒物质进入家禽体内后所引起的疾病。

一、棉籽饼中毒

1. 病因

棉籽饼中含有有毒的棉酚，其中游离棉酚的含量一般为0.04%～0.1%，若饲料中棉籽饼的添加量在8%～10%，并持续喂较长时间，棉酚在鸡体内蓄积过量就会引起中毒；棉籽饼发热变质，游离棉酚的含量就会提高，引起中毒；配合饲料中含有棉仁饼或棉籽饼时，如果维生素A、钙、铁及蛋白质不足，也会促使中毒的发生。

2. 症状及病变

中毒鸡表现为厌食，消瘦，腿软无力，腹泻，粪便色淡，呼吸困难，数日内死亡。此外，产蛋变小，不久蛋白变成粉红色、蛋黄变成茶青色，孵化率降低。剖检肝、肾肿大或萎缩，胆囊扩张，胸腹腔均有渗出液，肠内容物由前向后逐渐加深至酱油样褐色，肠黏膜脱落、出血，肝脏、脾脏、胰腺、肠黏膜上有蜡质样色素沉积。产蛋鸡卵巢及输卵管高度萎缩。

3. 诊断要点

根据症状和病变，结合有食入过量未脱毒棉籽饼病史来确诊。

4. 防治

棉籽饼在饲喂前必须经过脱毒处理，可煮沸加热几小时或用0.2%～0.5%硫酸亚铁液浸泡24小时；使用时要限制喂量和时间，一般添加在5%以下，蛋鸡不超过7%，每隔一个月停用10天，种鸡、雏鸡最好不用；禁止使用腐败发霉的棉籽饼；用棉籽饼配料时最好相应增加蛋白质、维生素 A 及钙含量。

发现鸡群中毒后，应迅速更换不含棉籽饼的优质饲料，饲料中按 0.5% 的比例添加硫酸亚铁细粉，连用 3 天后，剂量减半，连续再用 7 天。同时，饮用 5% 葡萄糖水或甘草、茶叶、绿豆同煮的汤汁，可以使用维生素 E，以每千克饲料加 10 ~ 20g 比例混匀拌料，连用 14 天，可促进产蛋功能的恢复。

二、菜籽饼中毒

1. 病因

菜籽饼含粗蛋白 35% 以上，含可消化蛋白 27.8%，比玉米高 2.8 倍，是一种优质的蛋白质饲料原料。但其所含有害成分硫葡萄糖苷可水解成有毒的异硫氰酸酯、噁唑烷硫酮、腈等，若不经过适当处理直接喂鸡就容易引起中毒。菜籽饼的含毒量与菜籽的品种有关，而不同品种的鸡对菜籽饼的耐受能力也有差异。

2. 症状及病变

最初是采食减少，粪便有干硬、稀薄、带血等不同的异常变化、生长缓慢、产蛋量下降、软蛋增多、孵化率下降。

剖检主要病变是甲状腺肿大，胃黏膜充血或出血，肾肿大，肝脏呈淡黄色萎缩，有滑腻感，消化道（尤其是胃）内容物稀薄呈黑绿色，肠黏膜脱落出血。

3. 诊断要点

根据症状和病变，结合有长期食入或过多食入菜籽饼的病史。

4. 防治

在平时配料时，6 周龄以下蛋鸡及 4 周龄以下肉仔鸡尽量不使用菜籽饼，使用菜籽饼时，添加的比例不宜超过 5%。发现中毒立即停喂含有菜籽饼的饲料，饮用 5% 葡萄糖水，饲料中添加维生素 C。

三、霉变饲料原料中毒

本病是用霉变原料配制的饲料喂鸡后引起的一种急性或慢性中毒性疾病。

1. 病因

霉菌毒素广泛存在于各种发霉变质的饲料中，特别是花生饼、玉米、豆饼、小麦等，由于受潮受热而发霉变质，导致霉菌大量繁殖。家禽采食这些发霉变质的饲料即引起中毒。

2. 症状及病变

小鸡食用霉变饲料后的 3～5 天内，首先表现食欲下降，挑食，料槽内剩料较多，同时群内出现相互啄食现象。随时间的延长，鸡群中出现较多精神不振、羽毛松乱、行动无力、藏头缩颈、双翅下垂的病鸡。严重的病鸡，冠脸苍白，排出的粪便带有黏液或为绿白色稀水状，并逐渐消瘦，5～7 天后出现死亡，并逐渐增多。部分食用霉料过多，中毒较重的鸡发生急性死亡。

剖检可见营养不良、消瘦，胸肌淡红色，严重者胸部皮下有浆液性渗出，胸肌和腿肌出血。肝肿大，褐紫色，表面有许多灰白色小点或黑紫色斑点，严重者肝表面出现一层白色渗出物。心包积液，脂肪消失。病程稍长者，肝脏体积缩小，颜色变黄，质地变硬，表面呈高低不平的颗粒状，上有灰白色小米粒大的坏死灶。

后备鸡发病症状基本与小鸡相同，但相互啄食、瘫腿等症状比小鸡严重得多。

产蛋鸡食用霉变饲料 5～7 天后出现症状，开始时许多鸡的粪便表面上覆盖着一层铜绿色的尿酸盐，此时鸡的粪便大多数成形。随着时间的延长，这种粪便迅速增加，并逐步变为排稀水状的黄褐色或白绿色粪便，较严重的病鸡则排出茶水状的血便。病鸡体温升高，食欲下降或废绝，嗉囊内有酸臭的积水，冠脸颜色由鲜红丰润变为暗红干皱，失去光泽，最后变为黑紫色，严重者开始零星死亡，较大的鸡群会出现相互啄食羽毛、肛门等现象，其中以啄肛危害最大。此时，鸡群的产蛋量迅速下降，开产不久的新母鸡产蛋量停止上升，同时出现较多的软壳蛋、薄壳蛋与沙壳蛋。

剖检可见嗉囊内容物充盈，内容物酸臭，肝脏淡黄褐色，胆囊肿大，表面许多红色、黑紫色出血点。卵巢中的卵子变为菜花样或破裂，卵黄流入腹腔，引起腹膜炎。种公鸡肝脏与肾脏肿大，紫红色，胆囊充满胆汁，睾丸萎缩，肠黏膜严重充血、出血。

3. 诊断要点

① 有食入霉变饲料的病史。

② 剖检肝肿大，呈灰黄色，病程稍长质地变硬，表面粗糙有颗粒感，胆囊扩张，充满稀薄胆汁。胸部皮下及肌肉常见出血。心包和腹腔常有淡黄色积液。

4. 防治

① 严把原料采购关，杜绝霉变原料入库。控制仓库的温度湿度，注意通风，做好对仓库边角清理工作，防止原料在储存过程中变质。

② 料槽和饮水器要经常擦洗、消毒，饲料少给勤添，不留剩料剩水。

③ 防雨淋和潮湿，保持鸡舍干燥，空气新鲜，保持垫料干燥，防止霉变。也可在饲料中投放制霉菌素 50 万 IU/kg，同时用两性霉素 B 按 25 万 IU/m³ 剂量喷雾 5 分钟，1 次/天，连用 2 周。

确定或疑似霉变饲料中毒，应立即停止使用，并更换优质饲料原料。对轻微霉变的饲料可用硅铝酸盐吸附等方法进行去毒处理。饮水中加入 0.5g/L 硫酸铜或 5g/L 碘化钾，供鸡群自由饮服，连用 2～3 天；或用硫酸镁或者硫酸钠，按每只每天 1～5g 溶于水中，让鸡自由饮用，连饮 2～3 天；鸡饲料中增加复合维生素的量；中毒鸡的粪便应及时清除，并集中深埋；用百毒杀消毒料槽、水槽。

四、食盐中毒

食盐是鸡日粮配合不可缺少的成分之一，含量一般为 0.3%～0.4%。当鸡摄入过量食盐或采食的量虽不多但饮水受限制时很快出现中毒反应，雏鸡最敏感。

1. 病因

① 饲料搭配不当，含盐量过高或搅拌不匀，鸡对食盐十分敏感，用量稍大就会发生中毒。一般成年家禽每日需要的食盐量是 0.5～1g，幼禽饲料的食盐含量是 0.25%～0.5%。一般雏鸡料中食盐达 0.7%、成鸡料中达 1% 时就可引起鸡明显口渴和腹泻；当雏鸡料中食盐达 1% 时，鸡群就会出现大批死亡。

② 饲料中的鱼粉含盐量过高或其余富含盐的副食品（如酱油渣或咸菜渣等腌制食品的下脚料）的盐量超过了家禽所需的盐量。

2. 症状及病变

因摄取食盐量的多少和持续时间的长短而不同。症状轻微的饮水增加，粪便稀薄或混有稀水。严重病鸡表现羽毛松乱无光、高度兴奋不安、鸣叫、抢水，食欲不振或废绝、嗉囊肿胀、口角有黏性分泌物流出，两腿软弱无力或前后平伸、倒退运动，后退几步即瘫于地上或向一侧运动或呆立一旁。有的病雏表现精神沉郁、弓背缩颈、垂头闭眼，后期水样腹泻。死前阵发性痉挛、两翅伸展、喙着地，最后虚脱而死。

剖检死鸡可见皮下水肿或有淡黄色胶样物浸润。胸、腿部肌肉弥漫性出血。腹腔内大量积水，呈淡黄色，并混有灰白色纤维蛋白渗出物。嗉囊积有大量黏液，腺胃黏膜充血，有的形成假膜。小肠发生急性卡他性肠炎或出血性肠炎。肝脏肿大色淡，边缘钝圆质脆，肝被膜附有凝血块，多数病例呈现肝实质萎缩，表面不平变硬，偶见肝面呈裂纹状，胆囊皱缩。心外膜毛细血管扩张或出血，心包有积液。肺水肿，色淡灰红。脑膜及大脑皮层充血或水肿。

3. 诊断要点

① 高度口渴，饮水量大增。

② 根据剖检变化，皮下水肿，腹腔和心包积水，肺水肿，嗉囊内充满黏液，消化道充血出血。

③ 对残留的饲料和饮水进行化验，含盐量过高。

4. 防治

① 严格掌握饲料中的含盐量，特别要注意含盐量较高的劣质鱼粉，平时配料所用鱼干或鱼粉一定要测定其含盐量。含盐量高的要少加，含盐量低的可适当多加。

② 饲料加工过程中，食盐要充分搅拌均匀。严格控制食盐含量，不得超过 0.3%。

③ 治疗啄癖时要严格控制食盐量并给予充分的饮水。

当发现中毒症状时立即停喂原有饲料，多喂青嫩菜叶，供给充足、新鲜饮水或 5% 葡萄糖水和 0.5% 醋酸钾溶液，连饮 3 天。要对饲料抽样进行盐分测定。及时隔离中毒鸡，并喂给红糖水，增加多种维生素用量。当发现兴奋症状时，可用溴化钾治疗，有镇静和对抗钠毒性的功能。

五、一氧化碳中毒

1. 病因

育雏期雏鸡多发本病，常见发病原因是育雏室内通风不良或供暖煤炉装置不适当，空气中一氧化碳浓度增加而引起的中毒。

2. 症状

轻度中毒时，表现精神沉郁，食欲减退，羽毛松乱，生长缓慢。急性严重中毒的雏鸡表现为不安、昏睡、呆立、呼吸困难、运动失调、倒一侧、头后伸，临死前发生痉挛或惊厥。

3. 病变

剖检可见肺和血液呈樱桃红色，血液凝固不良，嗉囊扩张，肺淤血，切面流出泡沫状粉红色物质，脾肾淤血，肝轻度肿胀。鸡一氧化碳亚急性中毒后剖检症状不明显。

4. 诊断要点

根据舍内门窗紧闭，通风差，结合临床表现和病变，尤其是肺部淤血即可确诊。

5. 防治

育雏室内的取暖装置，特别是使用煤炉取暖的要注意安全，安装要确实。煤炉必须要有烟囱等排烟设备，并要经常检查烟囱的通畅情况，随时清除积聚于其中的烟灰。夜间封火后，值班人员要特别注意，做到尽职尽责。

育雏室内最好安装排风换气扇，定时通风换气，保持室内空气清新。

发现雏鸡有中毒症状时，要立即打开门窗，换进新鲜空气。有条件的，最好将雏鸡移到温暖、空气新鲜的地方。一般轻症中毒的，可以很快恢复。还可以在饮水中加入食醋，让其自由饮水，可缓解中毒。

六、马杜拉霉素

马杜拉霉素是一类具有抗球虫作用的抗生素，毒性较大，安全范围小，临床上常因其使用剂量过大、长期使用、混合不均匀等引起马杜拉霉素中毒。在众多动物中，鸡中毒的最多。

1. 病因

盲目加大剂量，重复使用，计算或称量错误，饲料中药物搅拌不均匀，或以颗粒料拌药致部分饲料中药物浓度过大。

2. 症状及病变

中毒较轻的鸡表现精神沉郁，羽毛蓬乱，反应迟钝，采食和饮水量减少，两脚发软，不愿走动；中毒重的表现饮食废绝，流涎，排绿色稀便，闭眼，蹲伏或侧卧等，产蛋鸡中毒常引起产蛋率下降。

剖检后可见肝脏肿大、质脆、淤血，脾出血，十二指肠黏膜呈卡他性、出血性炎症，有的坏死，直肠出血，腺胃多呈弥漫性出血，肌胃角质层易剥离，稍有粘连，肌层有轻微出血。心脏内有紫黑色凝血块，气管黏膜淤血，肺出血坏死，肾肿大或微肿，部分鸡输尿管尿酸盐沉积和腹腔积液。

3. 防治

① 立即更换含马杜拉霉素的饲料。治疗宜采用排毒、保肝、补液和调节体内钾、钠离子平衡等措施。

② 家禽中毒后，可饮用 3%～5% 葡萄糖及电解质溶液或 0.1% 肾肿解毒药，并添加 0.01%～0.02% 维生素 C，以缓解症状、减少应激，对中毒严重不能站立或食欲废绝的家禽，可肌内注射 5% 的葡萄糖生理盐水，5～10mL/只，同时注射维生素 C 50mg/只，每天 1～2 次，可收到一定的效果。

第七节　家禽其他疾病

一、肉鸡腹水综合征

肉鸡腹水综合征是以腹腔大量积水为特征的疾病。其病型可分为肝型、肺型和心型腹水症，肉鸡发生尤为严重。本病不仅有较高的致死率，而且因降低了肉鸡的屠宰等级而影响饲养效益，对肉鸡生产的危害很大。

（一）症状

本病的发生有明显季节性，尤以冬季和早春多发。发病日龄为 2~7 周，发育良好、生长速度快的肉鸡易发。死亡率 5%~9% 不等，公鸡发病率占整体发病鸡的 50%~70%。表现为无任何预兆的突然死亡。大多数病鸡表现生长迟缓，羽毛蓬乱，精神沉郁，不愿活动，呼吸困难，食欲不振或废绝，个别可见下痢。病鸡腹部膨大，呈水袋状，触压松软有波动感，腹部皮肤变薄发亮，羽毛脱落。鸡腹腔穿刺流出透明清亮的淡黄色液体。有的病鸡站立困难，以腹部着地呈"企鹅状"。捕捉时易抽搐死亡，个别鸡群会出现拉稀不止，粪便呈水样。严重病鸡的冠和肉髯发绀，缩颈，呼吸困难，发病 3~5 天后开始零星死亡。

（二）病变

剖检可见腹腔内有大量清亮而透明的液体，呈淡黄色，部分病鸡腹腔内常有淡黄色的纤维样半凝固胶冻状絮状物，有时可呈血性。肝脏充血肿大，严重者皱缩，变厚变硬，表面凸凹不平，被膜上常覆盖一层灰白色或淡黄色纤维素性渗出物。肺脏淤血、充血，支气管充血。心脏体积增大，心包有积液，右心室肥大、扩张、柔软，心肌变薄，松弛、瘫软。肠道变细，肠黏膜呈弥漫性淤血。肾脏肿大、充血，呈紫红色。

（三）预防

① 加强鸡舍的环境管理，解决好通风和控温的矛盾，保持舍内空气新鲜，氧气充足，减少有害气体，合理控制光照。另外保持舍内湿度适中，及时清除舍内粪污，减少饲养管理过程中的人为应激，给鸡提供一个舒适的生长环境。

② 降低饲养密度，通过合理布置饮食器，调整鸡群分布。

③ 低能量和蛋白水平，早期进行合理限饲，适当控制肉鸡

的生长速度，一般肉鸡从 10～15 日龄起，下午 4 时至午夜 12 时不供料；从 45～50 日龄起，每天增加 1 小时的采食时间，到宰前最后 3 天自由采食。此外，可用粉料代替颗粒料或饲养前期用粉料，同时减少脂肪的添加。

④ 饲料中磷水平不可过低（>0.05%），食盐的含量不要超过 0.5%，Na^+ 水平应控制在 2 000mg/kg 以下，饮水中 Na^+ 含量宜在 1 200mg/L 以下，否则易引起腹水综合征。在日粮中适量添加 $NaHCO_3$ 代替 $NaCl$ 作为钠源。

⑤ 饲料中维生素 E 和 Se 的含量要满足营养标准，可在饲料中按 0.5g/kg 的比例添加维生素 C，以提高鸡的抗病、抗应激能力。

⑥ 执行严格的防疫制度，预防肉鸡呼吸道传染性疾病的发生。另外要合理用药，对心、肺、肝等脏器有毒副作用的药物不可使用。

（四）治疗

① 用 12 号针头刺入病鸡腹腔先抽出腹水，然后注入青链霉素各 2 万单位，经 2～4 次治疗后可使部分病鸡康复。

② 发现病鸡首先使其服用大黄苏打片（20 日龄雏鸡 1 片/只·天，其他日龄的鸡酌情处理），以清除胃肠道内容物，然后喂服维生素 C 和抗生素。对病情较重的鸡，皮下注射 1g/L 的亚硒酸钠 0.1mL 1 次或 2 次，或服用利尿剂，或应用脲酶抑制剂，可降低患腹水征肉鸡的死亡率。采取上述措施约一周后可见效。

二、肉鸡猝死综合征

肉鸡猝死综合征又称"暴死症"，是国内肉鸡生产中新出现的一种非传染性疾病，以肌肉丰满、外观健康的肉鸡突然死亡为特征。

该病的死亡率达 2%～5%，且具有发病急、病程短、死亡快的特点。因为该病不像某些传染病那样造成暴发性死亡，生产中常常被人们所忽视，一旦发生往往得不到有效的防治，给养鸡业造成较大的损失。

（一）临床症状

发病鸡群一般无任何异常，突然发病。多以生长快、发育良好、肌肉丰满的青年鸡突然死亡为特征。部分猝死鸡只发病前比正常鸡只表现安静，饲料采食量减少，个别鸡只常常在饲养员进舍喂料时，突然失控，翅膀急剧扇动或离地，跳起 15～20cm，从发病至死亡时间约 1 分钟，死鸡一般为两脚朝天呈仰卧或腹卧姿势，颈部扭曲，肌肉痉挛，个别鸡表现突然尖叫。

（二）病理变化

死亡肉鸡冠、髯苍白，但肌肉丰满，嗉囊及食管充满食物，心房扩张，心脏代偿性肥大，心肌松软，肝脏肿大、质脆、色苍白，肺淤血，胸肌、腹肌湿润苍白，少数死鸡偶见肠壁有出血症状。

（三）防制

① 鸡群饲养密度不宜过大，鸡舍卫生应注意保持，并确保通风良好。减少各种应激，夏季应特别注意做好鸡舍的降温工作。

② 降低饲料能量水平，提高蛋白水平，增加维生素，尤其是生物素的含量（每千克饲料中添加生物素 0.2mg）。

③ 用碳酸氢钾水溶液饮水 3 天，每只鸡每日 0.2～0.3g，可明显减少该病的发生。

④ 用维生素 E-亚硒酸钠制剂按治疗量拌料或饮水 2～3 天，对本病能起到较好的控制作用。

⑤ 一旦发现个别鸡突然发病时，应迅速将发病鸡捉出群外，尽量用力捉紧，控制其全身强直，同时辅以胸外按摩，操作迅速一般能使鸡只恢复正常。

三、异食癖

异食癖是由于代谢机能紊乱，摄取正常食物以外的物质的多种疾病的综合征。临床上以舐食、啃咬异物为特征。

（一）症状

啄毛癖、啄肛癖、啄蛋癖、啄趾癖等，鸡只互相啄食羽毛，导致背部、颈部、尾部羽毛脱落，一旦形成外伤，其他鸡都来啄食受伤的鸡，往往导致伤鸡死亡。发生啄肛癖时，鸡互相啄食肛门，引起出血，严重者肠管脱出，很快死亡。

（二）预防

改善饲养管理，给予全价日粮，注意补充多种维生素和微量元素。鸡要及时断喙，密度合理，通风良好。

（三）治疗

药物治疗应视病因而定。鸡最有效的方法是断喙，同时，在饲料中添加石膏，每只每天 0.3～0.5g，或用 1% 氯化钠饮水，3 小时/天，也有较好的疗效。

四、中暑

日射病及热射病又叫中暑。烈日暴晒头部（日射病），或湿热环境下散热障碍（热射病），造成体温过高，导致严重的中枢神经和心血管、呼吸系统功能紊乱。本病夏季发生。

（一）症状

突然发病，精神沉郁，站立不稳，行走时体躯摇摆呈醉酒样，有时兴奋不安。张口喘气，喝水多，精神沉郁，突然卧地呈昏迷状态，急性死亡。中午温度最高时死亡最多。

（二）病理变化

剖检见脑膜充血、出血，肺水肿，其他脏器无明显变化。

（三）预防

鸡舍周围植树或种瓜藤植物，饲料或饮水中添加维生素 C，降低禽舍温度。

（四）治疗

① 扩群降低密度。

② 加强通风降温。采用纵向通风，进风口处安装湿帘，并不断喷洒凉水。随时供给清凉饮水，必要时在鸡舍内放置冰块。

③ 饲料中添加 0.1% 延胡索酸，饮水中添加适量维生素 C，也有较好的治疗效果。

第八节　禽场的综合性卫生防疫

家禽疾病的防治工作是维持家禽生产的基本保证，禽场必须高度重视兽医生物安全，认真做好禽病防治和卫生防疫工作，建立生物安全体系。

一、隔离

（一）养殖场与外界环境的隔离

家禽养殖场要做到与外界环境高度隔离，使场内家禽处于相对封闭的状态。

首先禽场选址要选择远离交通干线和居民区 500m 以上，远离屠宰场、畜产品加工厂、垃圾及污水处理厂 2km 以上的地点。

其次，禽场要建筑必要的隔离建筑物，将禽场从外界环境中明确地划分出来，并起到限制场外人员、动物、车辆等自由进出养殖场的作用，如围墙、防疫壕沟等。

最后，要建立限制进出制度。禽场应严格限制外来人员、车辆等进出场区和生产区。必须进入时，要进行严格消毒，并进行登记记录；同样，养殖场工作人员也禁止任意离开场区，必须离场时，要严格进行消毒，并进行包括人员姓名和岗位、外出日期、外出目的等内容在内的登记记录；生产区内使用的车辆禁止离开生产区使用，运输饲料、动物的车辆应定期进行消毒。养殖场做好灭鼠、灭蝇工作，场内不得饲养其他家禽家畜。

（二）养殖场内各禽群之间的隔离

养殖场应执行"全进全出"制和单向的生产流程，在分群、转群和出栏后，栋舍要彻底进行清扫、冲洗和消毒，并空舍 5～7 天，方可调入新的禽群。场内各栋舍之间距离不应少于 10m，并根据本地区主导风向布局。养殖场饲养、兽医及其他工作人员，要建立严格的岗位责任制，专人专舍专岗，严禁擅自串舍串岗。

二、消毒

（一）分类

消毒根据时间可分为预防性消毒、紧急消毒和终末消毒。

根据消毒的对象可将消毒分为以下几种。

① 环境净化消毒，如车辆、道路、禽舍周围、场地等。

② 人员消毒，包括进入养殖场的外来人员及工作人员。

③ 空禽舍消毒，即空舍期间的禽舍及用具。

④ 带畜禽消毒，平时和发生传染病期间的禽舍、禽体表、用具等。

⑤ 饮水消毒，当水中细菌总数和致病性细菌超标和发生传染病时进行。

⑥ 死禽和粪便的处理与消毒。

（二）消毒方法

常用的消毒方法有物理法、化学法和生物消毒法。

1. 物理消毒法

（1）日光、紫外线辐射消毒法　日光暴晒是通过其光谱中的紫外线以及热量和干燥等因素的作用，直接杀灭多种病原微生物（细菌、病毒、真菌、芽孢、衣原体等）。因此，日光、紫外线灯消毒对于被污染的用具、物品及圈舍具有重要的实际意义。

使用紫外线灯消毒过程中应注意以下方面。

① 灯管表面应经常（一般每2周左右1次）用酒精棉球轻轻擦拭，除去上面灰尘与油垢，以减少对紫外线穿透的影响。

② 紫外线肉眼不可见，灯管放射出的蓝色光线并不代表紫外线强度。应定期测量灯管的输出强度，或逐日记录使用时间，以便判断是否达到使用期限。

③ 消毒时，房间内应保持清洁干燥。空气中不应有灰尘或水雾，温度保持在20℃以上，相对湿度不宜超过40%～60%。

④ 紫外线穿透作用很弱，无法穿透排泄物、分泌物，亦不能照到遮盖的阴暗处，只有直接照射的一面才能达到消毒目的，因而要按时翻动，使各面都能受到一定剂量的照射。

⑤ 勿直视紫外线光源，需带防护眼镜，穿防护服。为防止臭氧产生过多，当有人情况下使用紫外线灯连续照射时，1次不宜超过2小时。

（2）高温灭菌　可分为干热灭菌法和湿热灭菌法。

禽场常采用火焰灼烧灭菌法，即用火焰喷射器对粪便、场地、墙壁、笼具、其他废弃物品进行烧灼灭菌，或将动物的尸体以及传染源污染的饲料、垫草、垃圾等进行焚烧处理。全进全出制的禽舍地面、墙壁、金属制品也可用火焰灼烧的方法。

器具等可采用煮沸消毒、高温干燥消毒、高温高压消毒、蒸汽消毒等。

2. 化学消毒法

是指应用化学消毒剂对病原微生物污染的场所、物品等进行清洗、浸泡、喷洒、熏蒸，以达到消灭病原体的目的。

化学消毒的具体方法有喷雾消毒、擦拭消毒、浸泡消毒、混合消毒和熏蒸消毒。混合消毒是指将消毒液或粉直接与被消毒的物品相混合搅匀，通常用于传染病家禽的分泌物与排泄物的消毒；熏蒸消毒是指将消毒物品进行自然蒸发或加热蒸发，利用消毒药品所产生的气体进行空气、墙壁、地面和笼具表面的消毒，常用的是高锰酸钾与甲醛、二氯异氰尿酸钠等。

3. 生物热消毒法

是指通过堆积、沉淀池、沼气池等发酵方法，来杀灭粪便、污水、垃圾及垫草等内部的病原体的方法。在发酵过程中，粪便、污物等内部的微生物活动产生的热量可使温度达到 70℃ 以上，因此经一段时间后便可杀死病原菌、病毒及寄生虫卵等，从而达到消毒目的。同时发酵还可改善粪便的肥效。

（三）消毒操作

1. 带鸡消毒

带鸡消毒要选择对人和禽的吸入毒性、刺激性、皮肤吸收性小，不会侵入并残留在肉和蛋中，对金属、塑料制品的腐蚀性小或无腐蚀性的药物。

消毒剂要喷到墙壁、屋顶、地面，以均匀湿润和鸡体表微湿为宜，不得直喷鸡体。喷出的雾粒直径应控制在 $80 \sim 120 \mu m$，不要小于 $50 \mu m$。每立方米用消毒液 $50 \sim 80 mL$，每周消毒 $1 \sim 2$ 次，发生传染病时，应增加消毒次数。

2. 设备用具的消毒

设备用具在清洗后，用洗刷和浸泡的方法消毒，并在熏蒸禽舍前送回禽舍内进行熏蒸。有些设备如蛋箱、运输用鸡笼等因传染病源的危险性大，应在运回饲养场前进行消毒，或在场外严格消毒。

3. 环境消毒

首先应在厂区内设消毒池，并经常保持有新鲜的消毒液。大门前通过车辆的消毒池应宽 2m、长 4m 以上，消毒液深度在 5cm

以上；行人与自行车通过的消毒池宽 1m、长 2m，消毒液深度 3cm 以上。消毒池内常用 3%～5%煤酚皂液（来苏儿）、10%～20%石灰乳或 2%火碱溶液等。每栋禽舍的门前要设置脚踏消毒池，消毒液每天更换 1 次。亦可用草席及麻袋等浸湿药液后置于鸡舍进出口处。场内的工作鞋不许穿出场，场外的鞋不许穿进场内等。生产区道路应每天用消毒液喷洒，禽舍间空地定期耕翻，并喷洒消毒药。

三、免疫接种

（一）免疫接种的方法

主要有饮水免疫法、气雾免疫法、滴鼻点眼法、注射法、刺种法、涂擦法等。不同种类的疫苗使用方法不同，应按照说明进行。

1. 滴鼻点眼法

适用于弱毒活疫苗，如新城疫 Lasota 疫苗、传支 H120 疫苗等，使用生理盐水、蒸馏水或专用稀释液进行稀释。

2. 注射法

适用于鸡马立克疫苗、新城疫 I 系及各种油乳剂灭活苗等的接种。生产中注射免疫一般使用连续注射器，配 7～9 号针头。胸肌注射时，将针头与注射部位形成 30°～40°角，于胸部上 1/3 处，朝头部方向刺入胸肌，切忌垂直刺入，以免刺破胸腔而损伤内脏器官。腿部注射时，朝鸡体方向刺入外侧腿肌，以免刺伤腿部的血管、神经和骨骼，并避免注入肌腱或小腿引起腿肿。皮下注射应在颈部中段，将颈背部皮肤捏起呈三角形，沿三角下部刺入针头注射，注射位置太靠下容易注入嗉囊，太靠上不易吸收，且易引起头肿。

3. 饮水免疫

这种方法比个体免疫省时省力，方便安全，但受较多因素影响，免疫效果参差不齐。常用于弱毒和某些中等毒力的疫苗，如鸡传染性法氏囊疫苗、鸡新城疫疫苗、鸡传染性支气管炎疫苗等。

饮水免疫时应注意以下几点。

① 采用饮水法免疫的疫苗必须是高效价的，且考虑经肠道吸收时会损失40%，因此应增加疫苗使用剂量。

② 稀释疫苗的水必须不含使疫苗灭活的物质，如氯、锌、铜、铁等离子。

③ 稀释疫苗的用水量要适当，要求在2小时之内饮完。一般按全天饮水量的 1/5～1/4 计算。

④ 使用的饮水器要充足，以保证所有的鸡都能在短时间内饮够免疫剂量。

⑤ 饮水免疫前，鸡群要停止饮水 2～4 小时（视天气情况而定）。

4. 气雾免疫

适用于密集饲养鸡群的免疫。气雾免疫不但省时省力，而且对于某些对呼吸道有亲嗜性的疫苗特别有效，如新城疫IV系苗、传支弱毒苗等。但是气雾免疫对鸡的应激作用较大，尤其是加重慢性呼吸道病及大肠杆菌型气囊炎的发生，且容易造成散毒现象。

采用气雾免疫时应注意以下几点。

① 雏鸡雾粒中应有70%以上直径在 30～50μm，成鸡以 5～10μm 较好。

② 喷雾时应紧闭门窗，关闭进（排）风扇，减少空气流动，并避免阳光直射舍内，喷雾后20分钟开启门窗通风。

③ 喷雾时操作者距鸡 2～3m，喷头与鸡保持 1m 左右，成45°角，使雾滴刚好落在鸡的头部。

④ 最佳时间为阴天、傍晚和黎明。

（二）免疫注意事项

① 接种的鸡群必须是健康鸡群。对发病鸡群，除了已证明的紧急接种有效的疫苗外，一般不宜接种。

② 疫苗应现用现配，稀释后要保存在低温室或冰箱中，4 小时内必须用完，不要放到第 2 天用。

③ 活毒疫苗免疫前后 2 天及当天不要进行任何方式的消毒，以确保免疫效果。有些药物对活毒疫苗的免疫效果会产生影响，在做疫苗前后 2~3 天也要限制使用。

④ 给雏禽接种时应考虑母源抗体的滴度。

⑤ 为减少应激，最好在晚上或光线稍暗的环境下接种。

⑥ 用前将疫苗摇匀，油乳剂灭活苗若发现分层不能使用。

⑦ 家禽的品种、年龄和体重会影响疫苗的使用量。

⑧ 免疫要考虑接种中各种疫苗的互相配合和间隔时间，以减少相互之间的干扰作用。为了保证免疫效果，对当地流行的最严重的传染病最好能单独接种，以产生较为坚强的免疫力。

⑨ 为防止人为散毒，不可将盛过疫苗的包装瓶、器皿等随意丢弃，应焚烧或深埋。

（三）制定合理的预防接种方案

生产中，制定免疫接种程序时应遵循以下原则。

① 掌握本地的疫情及本场家禽的病史、目前仍有有威胁的传染病。对本地、本场尚未证实发生的传染病，必须明确已受到严重威胁时才能计划接种，不能随意引进新的疫苗。

② 交叉免疫力弱的疫病，所选用疫苗毒（菌）株要与当地流行的一致。

③ 充分利用免疫监测结果，及时调整免疫计划。

④ 根据传染病的流行特点，有计划地进行免疫。如禽痘病多在秋后多发，且以幼龄发病严重，因此北方地区应给 3~10 月的雏鸡接种鸡痘疫苗。

四、禽场废弃物的处理

（一）家禽场废弃物的种类

家禽场除了一些带有臭味、含有灰尘、粉尘的污浊空气、噪声、场内滋生的苍蝇等昆虫会形成公害需防范和治理外，还会产生禽粪、病死禽、污水、孵化废弃物等需要处理。

（二）禽粪的处理与利用

新鲜禽粪可采取堆积发酵、制作沼气等方法处理后做肥料用。禽粪在堆积过程中，微生物活动能产生高温，4~5 天后温度可升至 60~70℃，2 周即可达到均匀分解、充分腐熟的目的，而且发酵过程中细菌的芽孢、寄生虫卵、细菌可被杀死，可有效地防止疾病传播。

禽粪也可经发酵、烘干喂鱼、猪等，但因含有大量微生物，需谨慎进行。

（三）污水的处理

家禽场每天会产生大量洗刷的污水，其中含有固形物 10%~20%，如任其流淌会污染环境和地下水，所以应进行适当处理。可采用沉淀、制作沼气等方法进行处理。

（四）病死鸡的处理

包括焚烧法、深埋法、堆肥法等。焚烧法是杀灭病原菌最可靠的方法，可用专用的焚尸炉进行焚烧，传染病死亡禽只最好采用此方法。深埋法处理方法简单，费用低且不产生气味，但埋尸坑会成为病原的贮藏地，并可能污染地下水。

五、安全用药

在选择使用兽药时，应注意以下几点。

① 禁止使用有致癌、致畸和致突变作用的兽药，禁止在饲料中长期添加兽药，禁止使用未经农业部批准或已经淘汰的兽

药，禁止使用会对环境造成污染的兽药，禁止使用激素类或其他具有激素样作用的物质和催眠镇静类药物，禁止使用未经国家兽医行业主管部门批准的基因工程方法生产的兽药，限制使用某些人、畜共用药。

② 所用药物都要遵守休药期或弃蛋期规定，未规定休药期的品种，应遵守肉不得少于 28 天，蛋不少于 12 天的规定。蛋禽在产蛋期间正常情况下，禁止使用任何药物和添加药物饲料添加剂，包括中草药和化疗药物，发生疾病治疗时，从开始用药到用药结束的一段时间内（即弃蛋期）产的蛋不得作为食用蛋出售，不得供人食用。用于家禽的中药材、中药成方制剂，应充分考虑药物在禽肉和禽蛋中的残留量。

③ 注意配伍禁忌和体内的相互作用。

④ 严格遵守规定的作用与用途、适应剂量、给药途径、疗程和注意事项。

第七章 家禽市场营销

第一节 蛋鸡市场营销

一、成本核算

蛋鸡养殖的成本和利润是养殖户关心的重点问题。蛋鸡养殖所需投入的成本可以分为固定成本和可变成本两部分，固定成本包括鸡舍、鸡笼、上料、清粪和集蛋设备等；可变成本有鸡苗、饲料、兽药、煤火、水电和人工等。蛋鸡养殖的收益主要从产蛋开始，包括产蛋、淘汰鸡和鸡粪等收入。

将成本和利润按蛋鸡养殖过程分期计算方法示例如下。

（一）投入期（培育期）——0～165日龄

蛋鸡从雏鸡养到产蛋率65%以上（这时产蛋的收入与饲料支出基本持平）约需要165天，累计消耗饲料约10kg，成本约22元/羽，鸡苗＋疫苗＋药品＋人工＋水电约6元/羽，其他支出约1元/羽，成本合计29元/羽；产蛋约0.4kg/羽，计2.8元，淘汰鸡收入14.2元（2.2kg×7元/kg×92%——产蛋期成活率），合计收入17元/羽；两者相抵，培育期净支出12元/羽。

（二）成本回收期——166～293日龄

这一阶段料蛋比平均按2.1：1计算，其他支出按每天0.02元/羽计算，产蛋率94%以上，蛋重58.5g/枚，日平均产蛋量55g/羽以上，日赢利0.1109元/羽（0.055×7 − 0.1155×2.2 − 0.02），回收12元成本需要126天；产蛋率从65%上升到94%

一般需要 20 天，所以，成本回收期为 293 日龄。

（三）赢利期——293 日龄以后

一般蛋鸡在 293 日龄以后，产蛋高峰已过，产蛋率一般为 88% ~ 90%，蛋重 63 ~ 64g，平均日产蛋量约 56.7g/羽，料蛋比平均按 2.2∶1 计算，日赢利 0.1026 元/羽（0.0567 × 7 － 0.1247 × 2.2 － 0.02），平均每月赢利 3.08 元。

此外，蛋鸡饲养中决定成本和利润的因素，还包括鸡蛋、淘汰鸡的市场价格以及饲养过程中出现的疾病等。

二、蛋鸡生产销售方式

（一）个体养殖模式

主要是家庭作坊式饲养，从进雏、育雏一直到鸡蛋的销售、淘汰鸡的销售和鸡粪的销售都由养殖户个人承担。免疫注射、给药、添食、添水、拌料、除粪都是养殖户自己操作；鸡蛋的销售有的是养殖户自己进行零售，养殖量稍大的将鸡蛋销售给倒蛋的队伍，价格随行就市；鸡粪的销售也是有倒粪的到家里来拉货。

（二）"公司＋合作社＋基地＋农户"——新型联营模式

采用"集中建设，封闭管理，让农户租赁承包经营"的模式，投资建设了设施先进、标准化程度高、经营模式新、与农户联系密切的蛋鸡优养基地。经营中，公司与养鸡专业合作社合作，采用"公司＋合作社＋基地＋农户"的模式把养殖户集中起来，每栋鸡舍以年租金的形式租给农户，实行"六统一"管理，即统一建设、统一供种、统一供料、统一防疫、统一销售、统一保险。合作社、公司、养殖户三方按协议履约，既有分工又有协作，发挥各自所长，这是一种为适应规模化、标准化养殖需要而形成的现代农业生产模式。这种模式既降低了农户养殖的风险，又调动了广大农户的积极性，最重要的是，有效确保了蛋品质量，生产成本也相对较低。

合作社由养殖户、饲料和蛋品经销单位共同组建。养殖基地内的消毒、防疫、卫生、检查等管理都由合作社负责。合作社资金主要来源鸡粪发酵有机肥销售收入、饲料提成、蛋品销售利润提成。公司将鸡蛋销售收入的一部分作为风险基金上缴合作社，风险基金用于发生重大疫情和价格低谷时对基地农户进行补贴，确保养殖户每只鸡年收入不低于 10 元，从而化解养殖风险，让养殖户实现养殖"零风险"。

（三） "规模化、标准化、品牌化"——创建全新的运营方式

为有效地推动蛋鸡产业升级，促进农业结构调整，提高经济社会效益，推进社会主义新农村建设，必须转变养殖观念，走标准化、规模化、品牌化之路是我国蛋鸡发展的方向。

蛋品加工车间拥有大型蛋品加工流水线。上蛋、清洗、消毒、烘干、涂蜡、检测、打码、包装等全部是自动化操作，确保了产品质量。公司开展"科技共享"服务，邀请高校和科研部门专家定期为养殖户培训养殖技术，传播养殖讯息，发放各种技术资料，促进了农户养殖技术的提高和新品种、新设备的普及与推广。

公司坚持走品牌化道路，与国内知名营销策划公司合作，进行整体策划，打造自己的鸡蛋品牌。

（四）蛋鸡基地产业模式的关键点

① 公司负责固定资产投资，农户负责流动资金投资，合作社担保风险，公平合理地建立了在整个产业链条中各方利益的保障体系。

② 成功的推行了"公司＋合作社＋基地＋农户"产业化经营方式，实现了产加销一体化经营，有效地带动了农民致富。

③ 创新和运用了"标准化、品牌化、规模化"现代企业运营方式。

④ 采用了"集中建设，封闭管理，让农户租赁承包"经营的模式，实行了紧密结合型的"六统一"管理。

⑤ 员工采用绩效考核制度，极大地调动员工工作积极性和创造力，促进企业的持续、健康、稳步与和谐发展。

⑥ 大型自动蛋品加工流水线以及"身份证"鸡蛋的建立，保证了鸡蛋产品的质量。

第二节　肉鸡市场营销

一、成本核算

目前肉鸡养殖成本预算包括鸡苗、饲料、兽药、垫料、电费等，利润包括料袋、鸡粪、出栏肉鸡等。

鸡苗的价格在 2.5 元左右；饲料：每只鸡从育雏到出栏大概需要 4kg 饲料，每千克饲料 3 元，每只鸡所耗饲料成本 4kg×3 元 =12 元；兽药：每只鸡出栏前大概需要投入兽药 1.2 元；垫料和电费的投入基本可以被卖掉的料袋和鸡粪的利润抵消；其他综合成本大概有 4 元。

肉鸡出栏时平均体重 2.25kg，出栏价格 8 元/kg，成活率 90%。净利润每只鸡 2.2 元左右。

二、生产模式

肉鸡商品化生产须做到品种优良化、饲料全价化、饲养集约化、防疫系列化、管理科学化、经营一体化。在品种上，目前从国外引进肉鸡优良品种达十几种，如 AA 鸡、艾维茵鸡、彼得逊鸡、星波罗鸡等。国内近几年也培育出了不少优良品种，如新浦东鸡、京黄肉鸡、苏禽85肉鸡等。在饲料方面，近几年我国的饲料工业也有很大发展。配合饲料的应用已基本得到普及。

在经营体制上，目前我国肉鸡生产的组织形式主要有三种类型。

（一）企业化或工业化生产

集种鸡饲养、商品鸡饲养、饲料加工、屠宰加工、产品销售为一体，产权属一，生产由企业统一控制。企业化生产由于规模大、饲养管理和经营管理水平高、经济实力雄厚，因而抵御市场风险能力强。

（二）产业化生产

即对区域性主导产业实行专业化生产、系列化加工、企业化管理、一体化经营、社会化服务，集饲养、加工、销售、生产经营为一体的体系。有龙头企业带动型、市场带动型、主导产业带动型、专业协会带动型、基地带动型等。

（三）一家一户自给自足式分散饲养

生产条件低下、技术落后、效益不高、商品率较低，对市场的波动不敏感。

三、肉鸡生产策略

肉鸡生产实现盈利目的，不仅要掌握饲养、疫病防制等技术，还必须有一定的经营管理策略。否则就可能亏损，甚至破产倒闭。

（一）市场预测

所谓市场预测就是根据有关信息资料分析对未来的需求，正确地估计和判断其可能的发展趋势和发展状况。

一般来说，市场预测主要内容有以下几点。

① 肉鸡生产的发展变化情况预测。

② 市场需求变化情况预测。

③ 城乡消费习惯、消费结构和消费心理变化预测。

④ 市场价格变化情况预测。

⑤ 同类产品进出口贸易情况预测。

⑥ 国家法规、政策和国际贸易政策的变化对供求影响的预测。

⑦ 本地区及国内肉鸡场变化情况，包括鸡场数量、规模及分布等预测。

市场预测方法很多，简便易行的方法有：经验判断法、市场调查预测法、实销趋势分析法、季节变动分析法等。

（1）经验判断法　包括专家评议法、管理人员评议法及销售人员评议法等。主要凭直觉、经验和销售情况判断市场发展趋势。适用于不同规模、各种类型的鸡场，尤其是缺乏历史资料而预测因素又比较多的新建鸡场。但此法不够精确，运用时要谨防遗漏，避免失误。

（2）市场调查预测法　包括典型调查法、全面调查法、抽样调查法、表格调查法、询问调查法和样品征询法。适用于数据、资料不完整，预测的问题不能定量分析的肉鸡生产者。

（3）实销趋势分析法　不考虑其他因素，根据过去实际销售增长趋势（即百分比），推算下期预测值的一种方法。适用于比较稳定的趋势预测，其计算公式为：

$$下期销售预测值 = 本期销售实际值 \times \frac{本期销售实际值}{上期销售实际值}$$

（二）市场分析

1. 肉鸡市场潜力分析

我国年人均消费禽肉量比世界平均水平差 3.3kg，比美国差 45.3kg。我国人口多、市场大。随着人民生活水平的提高，市场需求将日益扩大，总量供应不足和结构性短缺的状况更趋明显。因此，国内市场潜力相当大。

2. 肉鸡市场动态分析

应考虑饲料市场、肉鸡价格、社会需求等变化因素。

（1）饲料市场　饲料原料主要是粮食，其丰收与否直接影响饲料生产及饲料的价格，饲料成本又占生产成本的70%左右。因此饲料对肉鸡生产的影响很大，生产者须密切注视饲料市场的变化。

（2）肉鸡价格　它直接关系到肉鸡生产的经济效益，饲料价格与肉鸡价格的比率要保持基本平衡。否则，会导致肉鸡生产走向低谷。生产者要善于通过市场调查，预测低谷的出现和高峰的到来，合理安排生产，取得最好效益。

（3）社会需求　市场供求关系制约肉鸡生产的效益。供过于求时，肉鸡价格下跌。供不应求时，肉鸡价格上涨。一年中不同季节的饲养成本、销售价格常有不同。通常冬季饲养成本高，夏季市场价格低。此外，节日期间，因需求量增大，价格上扬。因此，须根据这些市场变化规律，安排生产和出栏时间。

（三）销售渠道

1. 销售渠道类型

（1）直接销售渠道　即生产者直接将产品销售给顾客，没有任何中间环节的流通形式。

（2）间接销售渠道　即生产者把产品销售给消费者的过程中，加入了中间环节的销售渠道形式。

（3）代销渠道　即生产者和消费者之间有代理商的销售渠道形式。

2. 影响销售渠道的原因

主要有商品、市场和生产者自身等因素。肉仔鸡均匀一致、合格率高、品质好、无药物残留，销售就比较顺畅；市场因素包括市场容量、地理分布、竞争性、顾客的购买习惯、销售的季节性等对销售渠道的影响；肉鸡生产者自身因素包括生产者自身的声誉、资金状况、经营能力和经验以及生产的经济效益等。

参考文献

［1］杨宁. 家禽生产学［M］. 北京：中国农业出版社，2006

［2］王三立. 家禽生产（第 2 版）［M］. 重庆：重庆大学出版社，2011

［3］豆卫. 禽类生产［M］. 北京：中国农业出版社，2001

［4］杨慧芳. 养禽与禽病. 防治［M］. 北京：中国农业出版社，2011

［5］丁国志，张绍秋. 家禽生产技术［M］. 北京：北京中国农业大学出版社，2007

［6］刘月琴，张英杰. 家禽饲料手册［M］. 北京：中国农业大学出版社，2007

［7］郑翠芝，李义. 畜禽场设计及畜禽舍环境控制［M］. 北京：中国农业出版社，2012

［8］张力，杨孝列. 动物营养与饲料［M］. 北京：中国农业大学出版社，2012

［9］方希修，黄涛. 饲料加工工艺与设备［M］. 北京：中国农业大学出版社，2012

［10］五小龙. 畜禽营养代谢病和中毒病［M］. 北京：中国农业出版社，2009

［11］艾静，郭福存，等. 小麦在家禽饲料中的应用［J］. 中国禽业导刊，2008.12

［12］李绍玉. 高粱在家禽饲养上的营养价值取决于加工方法［J］. 饲料工业，1991.09

［13］蔡宝祥.家畜传染病学（第4版）［M］.北京：中国农业出版社，2001

［14］吴清民.兽医传染病学［M］.北京：中国农业大学出版社，2002

［15］黑龙江省畜牧兽医学校.家畜寄生虫病学［M］.北京：中国农业出版社，1996

［16］聂奎.动物寄生虫病学［M］.重庆：重庆大学出版社，2007

［17］秦建华.动物寄生虫病学［M］.北京：中国农业大学出版社，2013

［18］王建华.家畜内科病学［M］.北京：中国农业出版社，2010

［19］姜国均.新编家畜内科病［M］.北京：中国农业科学技术出版社，2012